現代暗号入門

いかにして秘密は守られるのか

神永正博　著

ブルーバックス

装幀／芦澤泰偉・児崎雅淑
カバーイラスト／星野勝之
目次・本文デザイン・図版／フレア

まえがき

　もともと暗号は、軍事的な通信を秘匿するために作られた。長い間、我々の生活とは無縁なものだったが、今や暗号なしに生活するのは難しい。インターネットショッピング、携帯電話、Wi-Fi、ICカードはもちろん、ビットコインを始めとする暗号通貨も、電子署名とハッシュ関数という暗号技術でできている。

　これほど暗号に依存しているにもかかわらず、技術の根本を理解し、最新技術に通じている者は驚くほど少ない。

　暗号は数学技術の塊だ。だが、いわゆる純粋数学者が好むような格調高い領域ではなく、なんでもありの雑多な世界である。

　この世界には、多種多様な蛮族が棲んでいる。出自もさまざまだ。数学出身者、電気工学を勉強していてたまたま暗号をやることになった者、名うてのハッカー、技術オタクのサラリーマン、政府諜報機関の役人、そして犯罪者。イーロン・マスクの誘いを断ったジョージ・フランシス・ホッツのような生きのいいハッカーもいる。暗号無政府主

義者(クリプトアナキスト)を名乗るルイス・アイヴァン・クエンデは、スタンペリー社のスタートアップに携わり、ブロックチェーンテクノロジーで世界を変えようと目論む野心家だ。

　暗号の開発者(ディフェンダー)と攻撃者(アタッカー)の応酬は、スポーツやゲームを思わせる。ディフェンダーが電子署名の処理を高速化するため、秘密鍵の一部を短くすれば、アタッカーは連分数で迎え撃つ。十分なランダム性を持たない乱数を、つい使ってしまったディフェンダー。アタッカーはそのわずかな隙も見逃さず、秘密素数を露わにする。またあるときは、ICカードの消費電力を統計処理にかけ、鍵を暴き出してみせる——。

　なぜこんなことが可能なのか。例えば、連分数のような技術は数学から持ち込まれた。ランダム性の不足を見抜くには、ソフトウェアの知識が必要だ。消費電力の解析は電気の分野から。ICチップに格納された暗号の鍵を盗むため、マイクロサージェリーなる手術が行われることもある。これにはデバイスの加工技術が必要だ。

　暗号業界は、様々なバックグラウンドを持った連中が発展させてきた。数学が100メートル走だとするなら、暗号はいわばトライアスロン。複合競技なのだ。

まえがき

　ある数学者が言っていた。
「この間の国際会議では驚いたよ。新しい暗号を発表したら、ピラニアみたいに暗号学者が食いついてきて、次から次へと暗号の欠点を探し出してきてね」と。
　暗号が発表された途端、その場で他の学者たちがプログラムを書き、解読し始める。即座に解かれた暗号すらある。それが暗号業界だ。

　この業界はとにかく進歩が速い。いわば暗号戦争ともいうべき世界的競争は加速するばかりである。
　本書の最大の特徴は、実際に使われている現代的な暗号技術の概略が書かれていることだ。リアルな脅威に対応するため、執筆中にも数十ヵ所のデータを差し換えた。

　現代的な暗号の基本要素は、共通鍵暗号、ハッシュ関数、公開鍵暗号である。これらを組み合わせて、様々なシステムを構築する仕組みになっている。本書では、それぞれの部品の役割とそれらの利用法が、様々な実例を通じて明らかになっている。
　難解なテーマであり、登場する数式も独特なものが多いが、数式が全て理解できなくても現代暗号のエッセンスはつかめるはずだ。高校2年生レベル以上の数学知識（微

積分はほぼ不要）があれば、十分に理解できるだろう。また必要なら、豊富な脚注と巻末注によって詳細を知ることもできる。暗号の初心者はもちろん、腕に覚えのある読者にも役立ててもらいたい。

　暗号は面白い。頭脳で勝負する野蛮人のゲームを楽しんでいただけたら幸いである。

　本書をまとめるにあたり、林優一氏（奈良先端科学技術大学院大学）、吉川英機氏（東北学院大学）の査読を受け、有益なコメントをいただいた。記して感謝したい。なお残る誤りは、全て筆者の責任である。

　本書の見取り図は右のようになっている。第5章のサイドチャネルアタックは、暗号全てと関わるものである。

まえがき

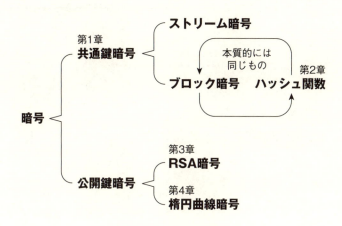

本書の内容の見取り図

目　次

まえがき ………………………………………… 3

第1章
共通鍵暗号 ……………………………………… 15

暗号の歴史は、情報を隠す側と見破る側の熾烈な競争の歴史でもある。最もシンプルな「シーザー暗号」から、高度な数学によって構成された現代の暗号まで、それらが破られてきた過程をたどりながら、それぞれの暗号の仕組みを学んでいこう。

ジュリアス・シーザーの暗号から ………………	16
偏りを攻撃せよ ……………………………………	19
システムを構成する三種の神器 …………………	23
ある意味、最強 ―バーナム暗号― ………………	24
シンプルだから速い ―ストリーム暗号― ………	29
RC4、破られる ……………………………………	35
秘密主義は危険だ …………………………………	39
ブロック暗号の基礎 ………………………………	41

米国標準ブロック暗号 DES	47
差分解読法は想定されていた	51
あの DES を倒した ―線形解読法―	58
美しい AES	63
暗号化しても元データが見える	66
IC 乗車券、携帯電話 SIM は何をしているか	71

第 2 章
ハッシュ関数 …… 77

暗号の使い方は通信内容を秘匿するだけではない。この章では、暗号が、通信内容が第三者によって改竄されていないかを確認する手段になることや、ウェブサービスのパスワード認証にも用いられていることを解説する。

切り刻んで混ぜる法	78
マークル・ダンガード構成法	83
鍵付きハッシュ関数を破る	88
バースデーパラドックス	91

パスワード認証 ………………………………… 95

第3章
公開鍵暗号 ── RSA暗号 …………… 99

これまでの章で扱った暗号は、暗号化の鍵（閉める鍵）と解読の鍵（開ける鍵）が同じものだった。しかし、1976年に登場した公開鍵暗号は、閉める鍵と開ける鍵が異なるという驚くべきものだった。本章では、代表的な公開鍵暗号のひとつRSA暗号を解説する。

公開鍵という思想 ……………………………… 100

RSA暗号 …………………………………………… 103

素数は弾切れになるか ………………………… 107

素数をどうやって見つけるか ………………… 111

ハイブリッド暗号方式 ………………………… 115

郵便チェスの応用 ── 中間者攻撃 ── ……… 117

電子署名とその証明 …………………………… 119

危険な N のサイズ ……………………………… 125

フランスの地下鉄を欺く	127
SSL	128
マイナンバーの何がどう安全なのか	134
公開鍵が使いまわされている？	138
復元可能なメッセージ	141
ブロードキャスト攻撃	143
極めて強力 ─ 連分数攻撃─	145

第4章
公開鍵暗号 ── **楕円曲線暗号** ……… 153

RSA暗号はたくさんの素数を用意しなければならないという難点があった。そこで登場した技術のひとつが、離散対数問題という数学に基づいた「楕円曲線暗号」だ。じつは暗号通貨とも呼ばれる「ビットコイン」もこの技術を用いている。

| より高速に | 154 |
| 足し算をするには | 158 |

有限体で考える	160
楕円曲線上の離散対数問題を応用する	163
楕円曲線署名（ECDSA）	167
痛恨のミス	170
ビットコイン	173
計算量という概念	182
一方向性関数は存在するか？	184

第5章
サイドチャネルアタック ... 191

暗号は、数学的な理論だけでなく、それを動かすハードウェアも重要な構成要素となる。本章では、ICチップの消費電力から暗号解読の手掛かりを得る方法や、そのような攻撃をどのように防ぐのかについて詳しく見ていく。

裏口を開ける	192
ICチップの仕組み	193
逆解析とマイクロ手術	194

時そば的フォールトアタック ………… 196
高速化の代償 ………… 198
DFA から IC チップを守る ………… 201
巨大すぎて見えない敵 ………… 202
DPA ― 差分電力解析 ― ………… 206
素朴な対策が効かない！ ………… 213
鉄壁の防衛が最強の攻撃になる ………… 215

巻末注 ………… 218
参考文献 ………… 226
画像クレジット ………… 231
索引 ………… 232

第 1 章

共通鍵暗号

暗号の歴史は、情報を隠す側と見破る側の熾烈な競争の歴史でもある。最もシンプルな「シーザー暗号」から、高度な数学によって構成された現代の暗号まで、それらが破られてきた過程をたどりながら、それぞれの暗号の仕組みを学んでいこう。

● ジュリアス・シーザーの暗号から

あなたは今、戦場にいる。戦闘中、司令室から最前線の部隊に指令を送りたい。当然、敵に内容を知られてはならない。さて、どんな手段を使えばいいだろうか？

今なら、指令には無線通信が使われるだろう。しかし、電波が届く範囲は広いので、敵もまた無線通信を傍受することができる。盗聴だ。有線通信のように、通信路を見つけて盗聴用に加工するなどといった面倒な作業は不要である。したがって、無線の場合、「盗聴されることを前提に通信を行う」必要がある。

そうなると、通信内容を暗号化するしかない。

歴史上最もシンプルな暗号化は、古代ローマの軍事指導者ジュリアス・シーザーが用いたと言われるシーザー暗号（カエサル暗号）である。

シーザー暗号では、アルファベットを決まった数だけ巡回的にずらすことによって暗号化する。例えば3文字右にずらすのであれば、AはDに、FはIに、ZはCに対応する（図1）。

暗号業界では、暗号化される前のデータを平文といい、平文が暗号化されたデータを暗号文という。

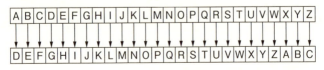

図1 シーザー暗号

話を単純化するため、ここでは26文字のアルファベッ

トだけを暗号化する。次の例文は、ある文章をシーザー暗号で暗号化したものである（実際にはスペースやカンマ、ピリオドを省略して表現するが、ここでは見やすさを考慮してそのままにしてある）。何が書いてあるかわかるだろうか。

NBUIFNBUJDT JT UIF LFZ BOE EPPS UP UIF TDJFODFT.

一読しただけでこの文章が復元できる人は少ないだろう。暗号文を1文字左に巡回的にずらして復号すると、次のようになる（見やすくするため、大文字小文字を通常の形式で表現した）。

Mathematics is the key and door to the sciences.
（数学は科学へとつながる鍵と扉である。）

この暗号文は、ガリレオの名言を英訳したものである。

言うまでもなく、シーザー暗号は、現代では使いものにならない。なぜなら、アルファベットを巡回的にずらすずらし方が、わずか25通りしかないからだ。手作業でも可能なくらいだ。25通りのパターンを表示するだけだから、計算機でやれば一瞬で終わってしまう。もっとも、シーザーも軍事目的でこの暗号を使ったわけではなく、私信の通信に利用したにすぎないが。

シーザー暗号が弱いことは明らかだ。組み合わせが少なすぎる。

ならば、アルファベットをランダムに対応づけてはどうか。例えば**図2**のように。

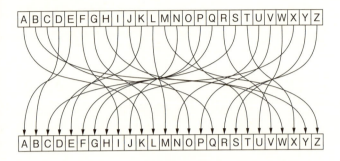

図2　単換字暗号

　図2のような考え方で構成される暗号は、単換字暗号(たんかえじあんごう)と呼ばれている。単換字暗号の鍵は、図2のようなアルファベットの対応表だ。

　図2はほんの一例で、対応させる方法は他にいくらでもありそうだ。

　実際に計算すると、対応表は何通りあるだろうか。これは要するに、「アルファベットの並べ方が何通りあるか」ということだから、順列の問題だ。

　アルファベット26文字の並べ方を数えるには、次のようにすればよい。まず、26文字の中から1つのアルファベットを選ぶ。選び方は、当たり前だが26通りある。残っている文字は、このアルファベットを除いた25文字。そこから1つを選ぶ選び方は25通りであり、それを1つ除いた残りのアルファベットは24通りであり、……というように選んでいく。

つまり、アルファベットの並べ方は（スペースやカンマ、ピリオドなどを抜いても）全部で26の階乗、すなわち、

$26 \times 25 \times 24 \times 23 \times 22 \times 21 \times 20 \times 19$
$\times 18 \times 17 \times 16 \times 15 \times 14 \times 13 \times 12 \times 11$
$\times 10 \times 9 \times 8 \times 7 \times 6 \times 5 \times 4 \times 3 \times 2 \times 1$
$= 403291461126605635584000000$ 通り（27桁！）

もある。シーザー暗号と比較すれば、鍵の総数は劇的に増えた。これを解読するのは極めて難しいのではないだろうか。

● 偏りを攻撃せよ

シーザーの時代から約1000年にわたり、単換字暗号は最強の暗号として君臨した。なにしろ単換字暗号の対応表の総数は、$403291461126605635584000000 = 4.032915 \times 10^{26}$ 通りにも及ぶのだ。これは、1兆のさらに400兆倍に相当する。暗号学では、二進数（数を0と1だけで表現したもの）で何桁分になるかでその大きさを表現することが多いが、対応表の総数は、二進数で89桁分になる。情報科学では二進数で表現したときの桁数をビットというので、89ビットである。人体の細胞数のさらに数百億倍にもなる巨大な数だ。当然、単換字暗号の解読の難しさは、シーザー暗号とは比較にならない。

向かうところ敵なしの単換字暗号。だが、鉄壁を破るアイデアが現れる。

どういうことか。**図3**を見ていただきたい。

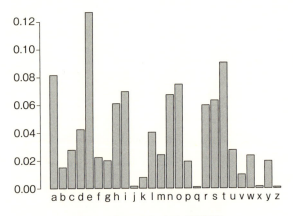

図3 アルファベットの出現頻度

　これは、英語のアルファベットの出現頻度をグラフにしたものだ。アルファベットは、もちろん全て均等に現れるわけではない。最も出現頻度が高いのはeだ。だから、暗号文で最も出現頻度の高いアルファベットがyであれば、それに対応する文字はeに違いない。次に高い頻度で出てくるのは、t, aのどちらかである確率が高い。逆に、滅多に出てこない（出現頻度が非常に低い）アルファベットはj, q, x, zのどれかに違いない。こうした要領で、じわじわと候補を絞っていき、意味のある文書になるかどうかを調べていくのだ。

　このように、解読のアイデア自体は、じつはさほど難しくない。「暗号文書に出現するアルファベットをカウントせよ。そして、その頻度を本来の頻度と比較せよ」というのがこの解読法である。

当初はほとんどでたらめなアルファベットの羅列にしか見えない暗号文に、頻度の高いものと低いものから順次当てはめて文章を虫食い状態にしていき、実際の単語や熟語との対比を取りながら解読を進めていく。頻度を調べることで対応表のパターンは劇的に減り、ついに元の文章＝平文が現れる。この攻撃法を頻度分析という。

この攻撃を成功させるためには、文書のアルファベット出現頻度が真の頻度（つまり、図3の頻度）に近いことが必要になる。本当にそれほど都合よくいくのか？ 実際の例で確認してみたい。

Foreign Affairs（米国の外交専門誌）の記事 ── "Saving OPEC - How Oil Producers Can Counteract the Global Decline in Demand"（By Thijs Van de Graaf and Aviel Verbruggen, DECEMBER 22, 2014）を見てみよう。この記事はスペース、カンマ、ピリオドを除いて5905文字だ。アルファベットの出現頻度を調べてみると、**図4**のようになった。

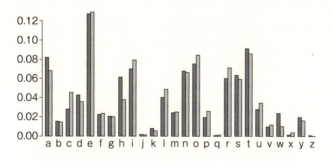

図4 Foreign Affairsの記事のアルファベット出現頻度

色の薄いバーが記事、濃いバーが英文アルファベットの本来の出現頻度である。ぴったりというわけではないが、全体として近い頻度になっている。最も出現頻度が高いのはeであり、ほとんど出てこないのはj, q, x, zだ。若干の違いはあるものの、頻度の差が大きなアルファベットは識別できる（石油の記事なので、o（oil, opec）が普通の文書よりも頻繁に出現するなどの偏りはあるが）。

　念のため、頻度分析のような攻撃が機能する理由を付記しよう。これは、確率論で「大数（たいすう）の法則」と呼ばれる定理による。

　サイコロの目は、どの目が出る確率も$\frac{1}{6}$だ。例えば、5905回サイコロを投げたら、どの目も$5905 \times \frac{1}{6} \fallingdotseq 984$回くらい出るということになる。当然バラツキはあるが、984回から大きく外れる可能性はとても低い。サイコロを投げる回数を増やせば増やすほど、出目（でめ）の比率は$\frac{1}{6}$に漸近（ぜんきん）する。これが大数の法則だ。

　サイコロを投げる回数は、暗号文で言えば、その長さである。暗号文が長ければ長いほど、解読は簡単になる。暗号文の分量が増えれば増えるほど、解読のヒントが増えるからだ。何らかの異常な操作をしない限り、アルファベットは本来の出現頻度に近い値となる。

　単換字暗号は、鍵の総数だけから見れば、現代暗号理論の基準でも、ほぼ十分な強度を持っている。そして、アルファベットの頻度がaからzまで全て均等であったとしたら、頻度分析による暗号解読は不可能だっただろう。

　逆に言えば、暗号文の中に何らかの偏りを見出すことは、

現代の暗号解読技術において重要なポイントだ。偏りが見つけられれば、それを手がかりに暗号文を解読できる可能性が出てくる。暗号解読のプロたちは、鵜の目鷹の目で偏りを探している。高度に数学的なテクニックを駆使して、まだ誰にも見つかっていない偏りをつかみ出すのだ。暗号設計のプロならば、暗号文に偏りが生じないよう、想定されるあらゆる可能性をあらかじめ潰しておく必要がある。

● システムを構成する三種の神器

あなたの家の玄関の鍵はどんなものだろうか。家の鍵には様々なバリエーションがあり、簡単に開錠されないよう、自分好みの鍵を選ぶこともできる。暗号の鍵については、自分で選んだりはしないにせよ、色々な鍵の違いを理解しておくのも悪くないだろう。

ここでは暗号を用いるシステムを、暗号システムと呼ぶことにする。暗号システムを構成する最も基本的な道具は、「共通鍵暗号」「公開鍵暗号」「ハッシュ関数」の３つだ。現在使われているほとんどの暗号システムは、この３つの部品だけでできており、三種の神器と言ってもいい。それぞれ説明しよう。

共通鍵暗号は、その名の通り、閉める鍵と開ける鍵が同じ（共通の）暗号である。家の鍵を想像すればわかりやすい。家の鍵と言えば１つであり、閉める鍵と開ける鍵は同じだ。

共通鍵暗号は、１ビットごとに暗号化するストリーム暗号と、いくつかのビットをまとめて暗号化するブロック暗

号に大別できる。ストリーム暗号は構造が単純であるため、ソフトウェアとして実装する場合もハードウェアとして実装する場合も、いずれも小規模で済むという利点がある。ストリーム暗号は、リアルタイムの通信に用いられることが多い。

2つ目の公開鍵暗号は非対称鍵暗号とも呼ばれ、閉める鍵と開ける鍵が異なる暗号である。これは、我々が通常使っている鍵のイメージとはずいぶん違うもので、暗号特有の概念だ。

3つ目のハッシュ関数は、任意の長さのデータを一定の長さのデータ（ハッシュ値またはメッセージダイジェスト）に変換する関数である。ハッシュ値から入力が推定できないこと、データをほんの少しでも変更するとハッシュ値が大きく変わるといった特徴を持つ。ハッシュ関数は、元のデータが改竄されていないかどうかを検証するなどの目的に利用される。

これら三種の神器を組み合わせることで、多様な暗号システムを構成することができる。

● ある意味、最強──バーナム暗号──

いよいよ個別の暗号の話に入ろう。

まずは、最強の暗号であるバーナム暗号から。バーナム暗号は、第一次世界大戦中にギルバート・バーナムによって考案された。バーナム暗号は、少なくとも、理論上は安全であることが証明されている。最もシンプルかつ重要な暗号で、現代の暗号に通用するエッセンスが多数含まれて

いる。

　バーナムはバーナム暗号を発明した当時、AT&T（アメリカ最大手の電話会社）の社員だった。この暗号に関する特許を1918年に出願し、1919年に取得している。当時は暗号を読み書きするために穴の開いた紙テープを使っていたが、紙テープの話をするのも前時代的なので、この話はしない。

　さて、バーナム暗号の仕組みは（長くなるが）次のようなものだ。まず、現代の暗号は、平文も暗号文も0と1で表現することを前提に作られている。コンピュータは0と1しか扱うことができないので、アルファベットやひらがな、カタカナ、漢字なども全て0と1で表現しなければならないからだ。バーナム暗号も然りである。

　文字とゼロイチの並びを対応させる方法（エンコーディング）はいくつかある。例えば、コンピュータで文字を表現するために使われている方式のひとつに、アスキーコードがある。アスキーコードでは、アルファベットのzは

1111010

と表現される。

　0と1でできたデータを処理する際には、0と1の間の演算（足し算や掛け算など）が必要になる。バーナム暗号では特に、排他的論理和（Exclusive OR）が使われる。

　排他的論理和とは、次のようなものだ。**図5**を見ていただきたい。

　図5には、A、Bとその排他的論理和が書かれている。

```
A    B    A⊕B
1    1     0
1    0     1
0    1     1
0    0     0
```

図5 排他的論理和

暗号学では、排他的論理和を⊕という記号で表すことが多い。AとBが同じ値のとき、その排他的論理和は0であり、異なる値のときは1になる。

例えば、ノック式のボールペンを想像するといい（**図6**）。

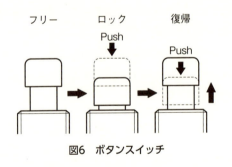

図6 ボタンスイッチ

ノック式ボールペンは、スイッチを押すと引っ込み、もう一度押すと元に戻る仕組みになっている。スイッチを押す操作を⊕1と考えれば、1⊕1＝0となる。これが排他的論理和のイメージだ。バーナム暗号では、排他的論理和を使って、次のような処理を行う。

平文は2進数で16桁、つまり16ビットある。

図7では、16ビットの平文0011010010010101を、同じ長さの秘密鍵1011011110100101と、ビットごとに排他的論理和を取って暗号化している。ビットごとの演算は、図5のように行う。

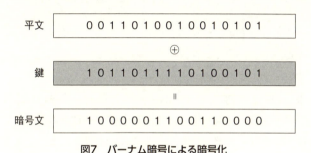

図7 バーナム暗号による暗号化

では逆に、暗号文を元の平文に戻す（復号）にはどうするか。**図8**のように、暗号文を鍵と排他的論理和すればよい。これは排他的論理和の図5にあったとおりだ。排他的論理和では、$1 \oplus 1 = 0$、$0 \oplus 0 = 0$であり、同じ数字に対しては0となる。よって、

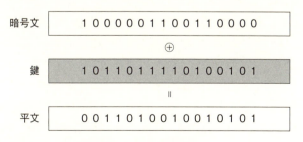

図8 バーナム暗号の復号

$$暗号文 = 平文 \oplus 鍵$$

に対して再び鍵を排他的論理和すると、鍵⊕鍵＝0だから、

$$暗号文 \oplus 鍵 = 平文 \oplus 鍵 \oplus 鍵 = 平文$$

となる。つまり、暗号化と復号の処理は、全く同じになるのだ。

　バーナム暗号は鍵に規則性がない（乱数である）という条件の下であれば、（鍵が知られない限り）絶対に破ることはできない。なぜなら、暗号文と鍵を排他的論理和すれば平文が得られるのだから、暗号文がわかったという条件のもとで、鍵と平文は1対1に対応していることになるからだ。鍵がわかることと平文がわかることは同値であり、鍵が秘密であれば平文を知ることは絶対にできない。つまり、考えうる全ての平文の可能性があるのだ。

　バーナム暗号では、暗号化送信するたびに同じ長さの鍵が必要になる。鍵が使えるのは1回きりであり、次の送信では別の鍵に変えなければならない。

　もし変えなければ、次のようなことが起こりうる。

　例えば、受信者が送信者の友人で、暗号化通信の際に平文の内容を喋ってしまったとしよう。これは、平文と暗号文の両方がわかっている状況だ。この場合、平文と暗号文の排他的論理和を取れば、鍵が得られることになる。以後、もし鍵を使い回していれば、その友人は、この先、あなたの通信をいつでも解読できることになる。鍵の利用が

一度きりであれば、得られた鍵は使われないので、友人はそれ以後の通信を解読することはできない。

また、仮に鍵を使い回していると、平文の統計的規則性が暗号文の規則性として現れる。単換字暗号と同様の頻度分析が有効性を発揮し、アタッカー（攻撃者）に解読の手がかりを与えてしまう可能性があるのだ。

可能な平文と同じだけ可能な鍵があって、どの鍵の可能性も同じであるときのみ、暗号が完璧な秘匿性を持つことが証明されている。バーナム暗号は情報理論的に安全であり、アタッカーがどれほど多くの暗号文を集めても、無限大の計算能力を持っていてすら解読は不可能である。

● シンプルだから速い──ストリーム暗号──

平文と同じだけの長さの鍵を毎回変えなければならない。このことは、バーナム暗号の最大の問題点である。そのためには、受信者と送信者の間で秘密の通信路を利用するなどして、鍵を事前に共有する必要がある。しかし、これは実際には大変なコストがかかり、多くの場合現実的ではない。この問題を解決するには、送信者と受信者の間で鍵をいったん共有し、その鍵を利用して、乱数に見えるビット列（擬似乱数）を作る必要がある。さて、どうすればいいか。

まず、送信者と受信者の間で、平文と比べて相対的に短い鍵を共有する。平文は長いので、この鍵を伸ばしてバーナム暗号と同様に平文と排他的論理和する。こうすれば、秘密通信ができるようになるはずである。伸ばされた鍵の

列はキーストリームと呼ばれる。このキーストリームを使ってデータを暗号化する。これがストリーム暗号だ。

例えば、Wi-Fi（無線 LAN）では、通信路を暗号化するためにストリーム暗号が使われることがある。

正確に言うと、ストリーム暗号は、鍵をもとにして周期がとても長い周期的な乱数のようなビット列（疑似乱数）を作り出し、これを平文と排他的論理和することで暗号文にする技術である。

さきほど「鍵を伸ばす」と言ったが、同じ鍵を123123……のように短い周期で繰り返すような延長の仕方では総当たりで鍵が割り出せるので役に立たない。実際には、平文よりもずっと長い周期を持つビット列を作れるようにしなければならない。

ものすごく長い周期を持つ「乱数らしい」ビット列をどうやって作るのか。これについては、大きく分けて2つの考え方がある[1]。

第一の考え方は、LFSR 型のストリーム暗号である。線形フィードバックシフトレジスタ（LFSR）という周期が比較的短いビット列を作る仕組みを複数組み合わせて、長いビット列を作るというものだ。LFSR 型のストリーム暗号の考え方をたとえ話で説明しよう。

素数ゼミをご存じだろうか。素数ゼミとは、正確に13年で成虫になるセミと、17年で成虫になるセミのことである。両者が同時に成虫になるのは、13と17の最小公倍数の221年周期になる。13年ゼミと17年ゼミが同時に成虫になる周期がもっと短いと、捕食者が同期して発生し

やすくなってしまう。そのため、同時発生の周期が長くなるよう、自然淘汰が進んだと考えられている。

素数ゼミと同様に、LFSRの周期の最小公倍数ができるだけ大きくなるようにすれば、それだけ長い周期の擬似乱数列が得られることになる。LFSRの出力をただ並べると予測が簡単になってしまうので、複数のLFSRからの出力が相互に複雑に絡み合うようにして、予測が難しいビット列を作り出す。これがLFSR型と呼ばれるストリーム暗号の基本的な考え方だ。例えば、ヨーロッパの携帯電話（GSM*）の音声暗号化のために使われているA5/1（エーファイブ・ワン）は、LFSR型のストリーム暗号である。

もうひとつの考え方は、状態遷移型のストリーム暗号である。元となるビット列（状態（ステート）という）を、その一部のビットの位置を入れ替えるなどの操作で状態を次々と書き換えて乱数らしいビット列を作り出すものだ。

LFSR型では周期の異なる規則的なビット列をうまく混ぜ合わせることでビット列を作り出すのに対し、状態遷移型における「状態」とは、いわば自分自身だ。自分自身を絶えず更新し続けることでビット列を作り出すのである。

状態遷移型のストリーム暗号として有名なものに、RSA

---

*Global System for Mobile communicationsの略で第二世代の携帯規格。GSMは日本では使われたことのない規格である。現在の携帯電話の暗号化はA5/1よりも強力である。NTTドコモやソフトバンクではストリーム暗号としてKASUMIが使われているし、auではAESをストリーム暗号として利用している。AESは現在主流の標準ブロック暗号である。AESについては後に説明する。

セキュリティ社*のロナルド・リベストが開発したRC4がある。リベストは、後に説明するハッシュ関数MD5、公開鍵暗号RSA暗号の発明者でもある。RC4は、Wi-Fiで使われるWEP（Wired Equivalent Privacy）という暗号化通信の仕組みに組み込まれていた。

じつは、RSA社はRC4のアルゴリズムを公開してはいないのだが、1994年、RC4と同じ動きをするアルゴリズムがインターネット上で明らかになった。

RC4は、暗号としてこの上なくシンプルな作りだ。本当は規則的に作っているのだから乱数ではないのだが、非常に乱数っぽいビット列ができるのだ。こんなビット列をどうやって作るのか。また、何をきっかけにして破られるのか。これらを知ることは、暗号と暗号解読の基本を理解するのに非常に有意義だと思う。

ストリーム暗号がどんなふうにビット列を作るのか、RC4を例にして見てみよう。

RC4は、2つの部品から構成されている。ひとつは鍵スケジューリングアルゴリズム（KSA, Key Scheduling Algorithm）、もうひとつは擬似乱数生成アルゴリズム（PRGA, Pseudo-Random number Generating Algorithm）だ。KSAでは、最初に0から255までを格納した箱を用意する。そのうちの2つのデータを鍵に依存するようにして入れ替える操作を256回繰り返すことで、データをスクランブル（ごちゃまぜに）する。KSA

---

*RSA暗号の3人の発明者が設立した会社。

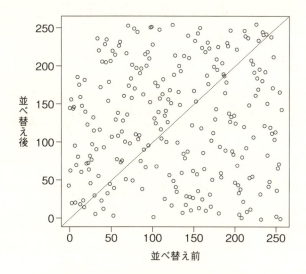

図9 KSAによる0から255の並べ替え

での並べ替えの一例を示すと、**図9**のようになる。

横軸がもとの0から255まで小さい方から順に並んだ数列で、縦軸が並べ替え後の数列である。もし、順番を入れ換えなければ、点は斜め45度の直線上に並ぶはずなので、KSAではかなり順番が入れ替わっていることがわかる。所定の手続きに従って並べ替えたのだから規則性は当然あるのだが、鍵にもとづいて並べ替えたので、一見して規則性がわからない程度にはごちゃごちゃになっている。

RC4の暗号化処理はこれだけではない。KSAで得られるのは、256個の数の列にすぎないからだ。これをキーストリームにするには、PRGAが必要である。

その動きを説明したいのだが、256個の数字を並べても

多すぎて目で追えないので、思い切って8個にしてしまおう。8は2の3乗だから、3ビットの世界である。

図10をご覧いただきたい。

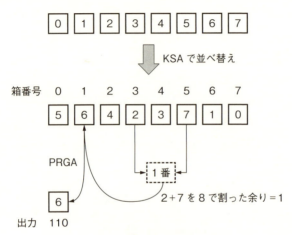

図10　簡易版RC4の動き

3ビットの世界では、数字は0から7までの8種類しかない。最初、箱には0,1,2,3,4,5,6,7という数字が入っている。この8個の数字の順番をKSAで並べ替える。箱そのものは動かさず、中の数字（カードのようなものを想像してほしい）だけを動かす。ここでは、箱の中身が左から5,6,4,2,3,7,1,0となったとしよう。

その後、0から7までの番号のついた箱のうち、ある規則に従って2つの番号を選ぶ。ここでは3番と5番だとする。これらの箱に入っている数字は、2と7である。これを足すと9だが、この世界では0から7までの8個し

か数字がないので、これは9を8で割った余り＝1と同じ意味になり、余りの数の番号1に入っている数字、図10では6＝110（二進数）が出力される。この調子で、最初に選ぶ2つの箱番号も箱の中の数字によって変化するようにして、状態を変化させ続けるのである。この操作を256個の箱に対してやっているのがRC4だ。256は2の8乗なので、8ビットである。8ビット＝1バイトなので、RC4はバイト単位の処理を得意とするコンピュータ向きだ。こうしてでてくるゼロイチの列を、平文と排他的論理和して暗号化するのだ。

このように、RC4のアルゴリズムは極めてシンプルで、プログラムもかなり短くできる。プログラム言語にもよるが、私がキーストリームを出力するところまでをPython（パイソン）という言語で書いてみたところ、14行であった。もちろん、短くなったのは余計なことを書かなかったからである。しかし、見やすくしたり、インターフェースを追加したりしたとしても、大した分量にはならない。50～60行あれば十分である。じつにシンプルだ。私が書いたブロック暗号DES（その仕組みは後に説明する）のプログラムが180行くらいであるから、RC4がいかにコンパクトかがわかる。RC4は、暗号らしい暗号としては、ほぼ最小のものではないかと思われる。

● RC4、破られる

シンプルであることは、解析しやすいことをも意味する。これを暗号屋が見逃すはずがない。特にRC4は

Wi-Fiの通信路暗号化で利用されているから、解読できればインパクトが大きい。最近までWi-Fiで使われていたWEPというプロトコルでは、RC4が中心的な役割を演じている（ここでプロトコルとは、コンピュータ同士のやり取りを定めたもので、今後も何度か登場する用語だ）。当然のごとく、腕利きの暗号学者たちが競って解読合戦に参戦した。

RC4の出力するキーストリームは乱数っぽいが、本物の乱数とは異なる。どう異なるのかを調べるところから解析が始まる。

RC4を解析する際の重要なポイントは、ゼロイチの偏りである。2001年、マンティンとシャミアは、キーストリームの2バイト目が0になりやすいことを発見した[†2]。出力は1バイトずつだから、0から255まで均等に出力されるのであれば、2バイト目が0になる確率は256分の1にならなければならない。しかし、RC4では、2バイト目が0になる確率が、他の数になる確率の約2倍もあった。

ほんの僅かな差ではある。だが、これこそが解読の重要な手がかりとなるのだ。同じ平文Mに対し、多数の秘密鍵を用いてRC4で暗号化された暗号文があるとしよう。この仮定は、ブロードキャストセッティングと呼ばれる。2バイト目のキーが0であれば、暗号文は0と平文の排他的論理和、つまり平文そのものである。すると、多数の暗号文を集めてその2バイト目に何が出たかを数えれば、一番多いものが平文の1バイト分になっているはずだ。

というのは、0になる確率が$\frac{1}{128}$になっていて*、最大だからである。これは単換字暗号（18ページ）のところで説明した頻度分析と同じく、大数の法則による。やけに多いアルファベットがあったら、それはeに違いない、というあれだ。例えば、2だけが出やすいサイコロを1000回振ると、その目の分布は、**図11**のようになる。

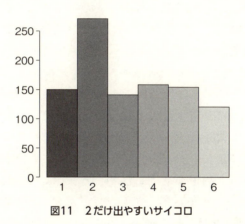

図11　2だけ出やすいサイコロ

これと同様のことが256面サイコロで起きると考えることができる。当然ながら、突出して0が出た回数が多く、他と区別できる。したがって、統計的に頻度が高いと判定できる程度にサンプルサイズが大きければ、アタックが成功することになるのだ。

この他にも、多くの暗号学者によって様々な偏りが発見

---

*つまり、1から255までが$\left(1-\frac{1}{128}\right)\times\frac{1}{255}=\frac{127}{32640}$の確率で出現し、0が$\frac{1}{128}$の確率で出現する。

された。最初の数バイトにおける偏りだけでなく、さらに先のバイトの偏り、加えて複数のバイトが関係する複雑な偏りも見つかった。こうした偏りは、暗号アルゴリズムをたどりながら計算機実験することで発見できることが多い。これらは、比較的平易な確率の計算で証明できるので、知識として確実に積み上がっていく。

こうして見つかった偏りをいくつか組み合わせて用いることによって、2バイト目以外のデータも得られるという仕組みだ。

2007年4月、ドイツのダルムシュタット工科大学のグループが「60秒足らずで104ビットWEPを破る (Breaking 104 bit WEP in less than 60 seconds)」という衝撃的なタイトルの発表を行った。しかし、実際にこの攻撃を行うには、不正アクセスを行う必要があった。これは難しい仮定であり、WEPが完全に破られたとまでは言えなかった。

しかし、翌2008年、神戸大学と広島大学の研究グループが、コンピュータセキュリティシンポジウム2008 (CSS2008) において、この条件を取り払ってみせた[†3]。彼らは既存の3つの攻撃技術を巧みに組み合わせ、通信を盗聴して得られた20メガバイトのデータから、わずか10秒でWEPを解読することに成功したのだ。こうしてWEPはとどめを刺された。

ここではあえて書かないが、WEPを破るツールも出回っている。探す気になればすぐ手に入るだろう。WEPを利用した通信は、もはや安全ではない。

● 秘密主義は危険だ

 現在、暗号の世界では、暗号のアルゴリズム（処理の方法）は公開されるのが普通だ。この話をすると、非公開の方が安全ではないかという意見が必ず出てくる。しかし、暗号学者の間では、アルゴリズムを非公開にすることの方が逆に危険だと考えられている。

 暗号アルゴリズムを公開した方がいい最大の理由は、秘密にしたままだと、暗号に欠陥があっても、設計者たちが気づかなければ欠陥がそのまま放置されることが多いためである。

 現実には、暗号アルゴリズムを非公開にしても、いずればれてしまう可能性がある。例えば、先に紹介したRC4は1987年にリベストによって開発されたストリーム暗号だが、そのアルゴリズムは非公開とされてきた。しかし、1994年、RC4と等価な処理を行うアルゴリズムが、リベストが所属するRSA社の許可なくインターネット上に公開されてしまった。

 暗号設計の基本原理は限られているため、暗号学の訓練を受けた技術者であれば、アルゴリズムを推定することは不可能ではない。RSA社はRC4のアルゴリズムを現在でも公開していないが、暗号学者の間では、このRC4と等価な処理を行うアルゴリズムがRC4と考えられており、数多くの脆弱性が発見されている。先に示したものは、この等価アルゴリズムだ。

 歴史的に見ても、暗号アルゴリズムを非公開にしておいたにもかかわらず暗号の仕組みを推定され、解読された例

には事欠かない。

例えば、戦前の日本の外務省は、海外の公館との連絡に海軍技術研究所が開発した「九七式暗号(きゅうななしきあんごう)」を利用していた。米国での呼び名はパープルだ。パープルは精巧な暗号機だったが、米国のウィリアム・フリードマン（**図12**）率いる解読班が、1940年にそのアルゴリズムを見破っていた。フリードマンは、パープルに先行して利用されていたレッドという暗号を既に解読していたのだ。パープルはレッドの改良型であり、外務省がレッドとパープルの両方で暗号化した電文を送ったため、それを傍受した結果、解読に成功。日本の通信は、じつは米国に筒抜けだった。

図12　ウィリアム・F・フリードマン

暗号アルゴリズムを非公開にすれば、短期的には時間を稼ぐことができる。暗号アルゴリズムを推定するという仕事は確かに手間だ。しかし、脆弱性を見過ごすリスクも大きい。現代の暗号技術開発の世界では、両者を天秤にかけ、多くの場合は公開して脆弱性を事前に洗い出しておく方が結果的に得だと考えられているのである＊。

＊後に解説する様々な暗号のアルゴリズムは全て公開されているものだ。

● ブロック暗号の基礎

ストリーム暗号では、データがビットごとに暗号化されていた。これに対して、複数のビット、例えば64ビット、128ビットのようなブロック単位で暗号化する暗号をブロック暗号という。

情報通信の基礎理論「情報理論」の創始者として知られるクロード・シャノン（**図13**）は、暗号理論においても先駆的な仕事をした。

図13 クロード・シャノン

シャノンは、転字、換字(かえじ)の組み合わせで、解読困難なブロック暗号を構成できることを示唆した。転字とは、あみだくじのように順番を入れ替える操作のことだ。暗号学では、転字のことを転置ということも多い。例えば、**図14**のあみだくじを考えよう。

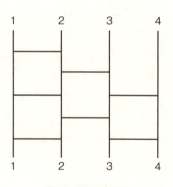

図14 あみだくじ

ここで1,2,3,4というのは、暗号でいえば、データのビット位置だと思っていい。図14のあみだくじは、結局のところ、**図15**のように、順番の入れ替えをやっているだけである。これが転字だ。

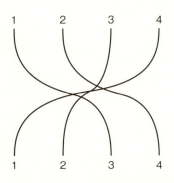

図15 あみだくじを整理した場合

転字だけで暗号を構成すると、元の平文の1ビットを変化させたときに、暗号文も1ビットだけしか変わらない。これだけでは弱い暗号しかできない。

いくつかのビットをまとめて別のデータに書き換える操作をすれば、もっと強い暗号ができるだろう。これが換字である。これだけではイメージがわかないと思うので、実際の例を見てみよう。**図16**は2007年に、暗号とハードウェアに関する国際会議で提案されたPRESENTと呼ばれるブロック暗号の換字処理の表である[†4]。

このような換字の表のことをSボックスと呼ぶ[*]。換字

入力	0	1	2	3	4	5	6	7	8	9	10	11	12	13	14	15
出力	12	5	6	11	9	0	10	13	3	14	15	8	4	7	1	2

図16 PRESENTのSボックス

---

[*]換字処理は複数のビットをまとめた転字ということもできる。PRESENTのSボックスでは0から15までの数字の転字をしている。

(Substitution) のSを取ったものだ。図16は、例えば、入力が10なら出力は15、というふうに読めばいい。これを二進数で書くと、10は二進数で1010、15は二進数で1111であるから、

$$1010 \quad \Rightarrow \quad 1111$$

のように、4ビットの数字を4ビットの別の数字に書き換えていることになる。このSボックスでは、各々の4ビットの数字を別の4ビットの数字に書き換えるのだ。いくつかのビットをまとめて書き換えるところがポイントである。このように書き換えることで、入力1ビットの変化を、4ビットの変化に拡散させることができる。例えば、入力1010のうち、1ビットだけ書き換えて1011としたとしよう。1011は十進数では11であり、図16を読むと8に書き換わる。8は二進数では1000である。さきほどの結果と比べてみると、

$$1010 \quad \Rightarrow \quad 1111$$
$$1011 \quad \Rightarrow \quad \mathbf{1000}$$

となり、まるで雪崩のように、1ビットの変化が他のビットにまで影響を与え、結果が大きく変わってくる。

このようにビット位置の入れ替え（転字）と複数のビット列をまとめて別のビット列にする（換字）を組み合わせ、途中に秘密鍵を混ぜることで暗号を作ることができる。これを換字（Substitution）、転字（Permutation）の頭文字を並べて「SPネットワーク」という。SPネット

ワークを簡略化して表現すると、**図17**のようになる(実際はもっと複雑だが、考え方は同じだ)。SPネットワークにおいて、換字(S)とラウンド鍵を混ぜる操作と転字をひとまとめにして、これを「1ラウンド」とする。ここでラウンド鍵(補助鍵と呼ばれることもある)とはもとの秘密鍵を変形したもので、ラウンド数と同じだけ作られる。秘密鍵からラウンド鍵を作る処理を鍵スケジュールという。

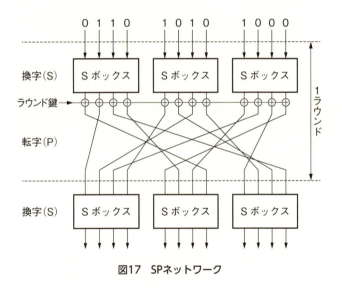

図17 SPネットワーク

図17において、秘密鍵が101010101010だったとき、入力011010101000に対する1ラウンドの処理結果がどうなるかを見てみよう(**図18**)。

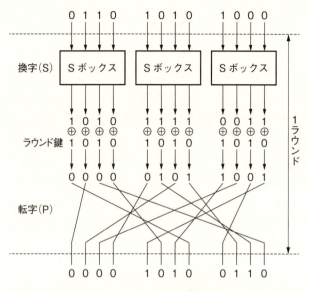

図18　1ラウンド処理の例

　Sボックスへの入力は、左から0110（十進数で6）、1010（10）、1000（8）だから、図16を読むと、それぞれ10（二進数で1010）、15（1111）、3（0011）となる。並べると

101011110011

となる。これと秘密鍵

101010101010

の排他的論理和

000001011001

が、1ラウンド分の処理結果となる。

これが次のSボックスに入って転字されて鍵と混ぜられて……というように処理が繰り返される[†5]。

一般に、ラウンド数が多ければ、それだけ暗号の強度が高まる。が、処理時間はその分余計にかかるので、適当な回数で打ち切ることになる。これがブロック暗号の基本的な構造である。

実際のブロック暗号で使われているSPネットワークは、図17のSPネットワークよりもっと大がかりなもので、PRESENTの場合は**図19**のようになる。

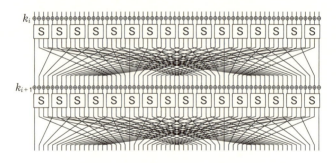

図19 PRESENTのSPネットワーク

ここで、k_i, k_{i+1}は混ぜるラウンド鍵である。これが31ラウンド続くのだ。図19はごちゃごちゃしていて、何がなんだかわからないかもしれない。暗号処理のプログラムを動かしながらでないと、私にもわからない。しかし、図19のSPネットワークもまた、先に説明した小規模なSP

ネットワークとあまり変わらないことはわかるのではないだろうか。実際のブロック暗号も、結局は、Sボックスに通して転字して鍵と混ぜるという操作（順番が入れ替わることもあるが）の繰り返しであること。これさえわかれば、ブロック暗号の基本は理解したも同然だ。

● 米国標準ブロック暗号 DES

図20　ホルスト・フェイステル

　ブロック暗号を考える上で重要なDES（Data Encryption Standard）という暗号の概要を説明する。DESの大まかな構造だけ理解してもらえればと思うので、細かい理屈に立ち入ることはしない。

　1973年5月、アメリカ国立標準局[†6]は、政府全体で秘密情報を暗号化するための標準規格となる暗号アルゴリズムを公募した。だが、このとき集まった暗号アルゴリズムはいずれも十分な安全性を満たしていなかったため、1974年8月に再度公募を行った。その結果、IBMの提案したアルゴリズム、ルシファーが条件をクリアした。

　1970年代の初頭、IBMのホルスト・フェイステル（**図20**）は、2回同じ処理を繰り返すと元に戻る操作「インヴォリューション」を巧妙に組み合わせ、ブロック暗号を構成してみせた。これがルシファーだ。

　ルシファー（Lucifer）は魔王を意味する。フェイステルは、数学的に美しい構造を保ちつつ、効果的にSPネッ

トワークを構成する具体的な方法を考案したことで、業界に名を轟かせた。

ルシファーをベースにして開発されたのが、DES だ。デスと発音することが多い。

DES は、1975 年 3 月にアルゴリズムが連邦官報に発表され、翌年 11 月、連邦規格として承認された。1977 年 1 月にその詳細が FIPS PUB 46 という文書で公表され、1981 年には民間の標準規格にまで昇りつめたのである。

ここで DES の仕組みを大まかに説明しよう。ブロック暗号の基礎で説明したように、ブロック暗号は、「転字」「S ボックス（換字）」「ラウンド鍵を混ぜる操作」を繰り返すことでできている。DES の場合もおおむね同じだが、DES では、最初にデータを半分ずつ 2 つの山に分ける。トランプを切るときに二山に分けるイメージだ（**図 21**）。

図21　二山に分けてシャッフル

図 22 は、DES の処理の重要な部分を切り出したものだ。この処理を繰り返す。

DES の場合、平文は 64 ビットなので、左右の山は 32 ビットずつになる。右半分を F 関数と呼ばれる箱に入れ、

第1章 共通鍵暗号

ラウンド鍵と混ぜて左半分と排他的論理和し、左右を入れ替えるのだ。図22のような構造は、発明者の名を取ってフェイステル構造と呼ばれている。

F関数の中がどうなっているかを示したのが、**図23**だ。

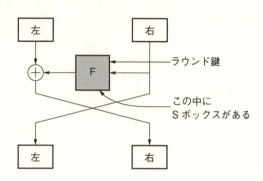

図22　フェイステル構造

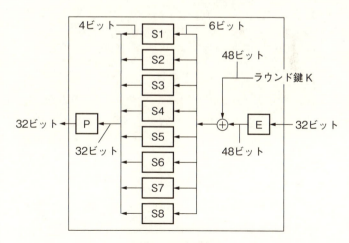

図23　DESのF関数

S1からS8までがSボックスである。前に紹介したPRESENTでは、4ビット入力に対して4ビットが出力されていた。一方、DESでは、6ビット入力に対して4ビットが出力される。また、PRESENTでは16個あるSボックスは全て同じだったが、DESではS1からS8は全て異なる。

例えば、DESのS1ボックスは、**表1**のようになる。

表1　DESのS1ボックスの表

	0000	0001	0010	0011	0100	0101	0110	0111
00	1110	0100	1101	0001	0010	1111	1011	1000
01	0000	1111	0111	0100	1110	0010	1101	0001
10	0100	0001	1110	1000	1101	0110	0010	1011
11	1111	1100	1000	0010	0100	1001	0001	0111

	1000	1001	1010	1011	1100	1101	0110	0111
00	0011	1010	0110	1100	0101	1001	0000	0111
01	1010	0110	1100	1011	1001	0101	0011	1000
10	1111	1100	1001	0111	0011	1010	0101	0000
11	0101	1011	0011	1110	1010	0000	0110	1101

表の読み方はPRESENTのときよりも少し複雑だ。例えば、入力が「101001」だったとすると、「101001」の両端の数字を並べて「11」を行番号（縦の番号）、間の4ビット「0100」を列番号（横の番号）として表を読むと「0100」が出力になる。

このF関数は、最初右半分の32ビットを48ビットに拡大する拡大転置と呼ばれる処理Eの後、48ビットのラウンド鍵と排他的論理和され、6ビットずつSボックスに入れられ、出てきた4×8 = 32ビットをさらに転置Pに

通してビットの位置を変えるのである。

　フェイステル構造では、1ラウンドの処理では半分だけしか値が変わらない。図22を見ると、右半分は次のラウンドの左半分と全く同じである。左右のデータをラウンド鍵と混ぜ合わせてごちゃごちゃにするためには、2ラウンド必要になる。当然ラウンド数は増えることになり、処理が遅くなる。だが一方で、ラウンド鍵を使う順番を逆転するだけで復号の処理になるため、復号のために別途プログラムを用意する必要がない。また、ややこしい処理をF関数という箱にまとめられるので、暗号設計者はその中身だけを考えればいいという点が優れているといえるだろう。

　DESに関しては膨大な研究成果があり、その構造を利用した、より巧妙な攻撃法が考えられている。中でも、差分解読法と線形解読法はその後のブロック暗号設計に大きな影響を与えた。それらの歴史を追ってみよう。

● 差分解読法は想定されていた

　これはDESに限らないが、ブロック暗号の心臓部はSボックスである。なぜなら、転字はビットの位置を変えているだけなので、転字だけで構成された暗号は暗号として弱すぎる（ビットごとに鍵を推定すればよい）からだ。

　加えて、暗号解読の基本は、なんらかの偏りを見出すことにある。ブロック暗号を解読しようとするとき、単換字暗号やストリーム暗号を解くときに役立った「出力の偏り」を探すのは勝ち目がありそうだ。

　DESが公開されてから10年以上経過した1980年代の

末。DESの穴を報告する者が現れた。イスラエル生まれの暗号学者、エリ・ビハムとアディ・シャミア[*]である。

ビハムは、現在、ブロック暗号の分野で世界的に知られたプロ中のプロだ。ケンブリッジ大学のロス・アンダーソンとデンマーク工科大学のラース・クヌーセンとともに、ブロック暗号サーペント（Serpent）を設計したことでも知られている。

一方、シャミアはRSA暗号をはじめとして、秘密分散法など多くの発明をなした暗号学者である。大勢いる暗号学者の中でも、暗号理論全般に精通している人はじつはあまりいない。シャミアは、暗号に関して全方位で優れた業績を次々とあげる天才だ。

二人が見つけた暗号解読技術が、差分解読法だ[†7]。これは極めて適用範囲が広い。差分解読法に対して耐性を持つことは、現在、ブロック暗号の必要条件となっている。

差分解読法の「差分」とは、既に何度も登場した排他的論理和$\oplus$のことだ。データの違っているところだけが1になるので、和にもかかわらず差と同じ働きをすることからきている。$A \oplus B$は、AとBの値のどのビットが異なるかを示している。**図24**を見てみよう。

010110と111011の排他的論理和（差分）は101101だが、データが違っているところだけ1となり、同じところは0になっていることがわかる。これこそ、排他的論理和が差分と呼ばれる所以（ゆえん）である。

---

[*] 2017年現在、ビハムはイスラエルのテクニオンの教授、シャミアはワイツマン科学研究所の教授。シャミアはビハムの博士論文の指導教授でもある。

第1章 共通鍵暗号

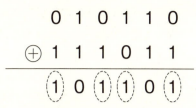

データの違いが1となって現れる

図24　データの差分

差分解読法の詳細は大変ややこしく、暗号プログラムを動かしながらでないと説明が難しい。そこで、ここでは基本的な考え方に絞って説明する。

差分解読法の基本は、差分が一定の値になるような平文を用意して、出力された暗号文の差分がどうなるかを調べる、ということである（**図25**）。DESの構造を見ると、ラウンド鍵と平文のデータが排他的論理和されているた

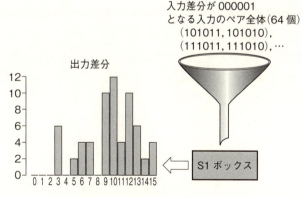

図25　差分解読法が見ているもの

め、2つの平文のデータの差分を取るとラウンド鍵が消える（ラウンド鍵とラウンド鍵の排他的論理和はゼロ）。その結果、入力差分（入力同士の差分）はラウンド鍵に依存しない。つまりアタッカーは入力差分を思い通りにできる。一方、出力差分にはラウンド鍵の影響が残っている。これが差分解読法の第一のポイントである。

差分が1（＝000001）であるような（Sボックスへの）入力6ビットのデータ、例えば、101011と101010のように、最後の1ビットだけ異なるようなデータのペアを考える。このようなペアは、ちょうど6ビット分＝2^6＝64通りある。これは差分が何であっても、ぴったり6ビット分ある。6ビットのデータを1つ決めれば、もう一方のデータは差分と排他的論理和することで求まるからだ。入力差分が1になるようなデータのペアをS1ボックスに入れて、対応する出力差分（出力同士の差分）を調べる。

例えば先の入力差分が「000001」になる入力のペア「101011」と「101010」の場合を考えると、50ページの表1を読むと、「101011」に対するS1ボックスの出力は「1001」となる。一方、「101010」に対するS1ボックスの出力は、「0110」になる。したがって、出力差分は「1001」と「0110」の差分「1111」になるのだ。これを全ての場合について調べたものが**図26**である。

偏りが全くないのであれば、$\frac{64}{16}$＝4回ずつ現れるはずだ。しかし、入力差分が000001となるような入力ペアをS1ボックスに放り込むと、出力差分が0000、0001、0010、0100、1000となることはなく、1010になる確率

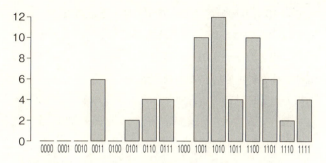

図26 入力差分000001に対するS1の出力差分の分布

は $\frac{12}{64}$ = 18.75%にも上る。コンピュータを使えば、このような偏りを入力差分 = 2^6 = 64通りの差分全てについて調べあげることは造作もない。

出力差分の分布を調べてみると、出現頻度が一番多いのは、入力差分が110100（16進数で34）で出力差分が0010（= 2）の場合である。入力差分110100の場合について出力差分の分布を見てみよう。

出力差分は、**図27**に示すように0(0000)から15(1111)

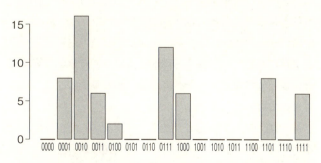

図27 入力差分110100に対するS1ボックスの出力差分の分布

までの16通りの値のうち、特定の値しか取らない。

実現するのは、16通りのうち半分の8通りでしかないのだ。出力差分が0010の場合は、$\frac{16}{64} = 25\%$ にも上る。偏りが非常に大きいことがわかる。

出力差分に対応する入力として、どのようなものがあるかを調べてみよう。例えば、入力差分が110100、出力差分が1101になるような入力は、

000110, 010000, 010110, 011100,
100010, 100100, 101000, 110010

の8通りしかない。このように、入力差分と出力差分を固定すると、対応する入力は絞りこまれ、ここから鍵候補も定まっていく。特定の差分を持つような平文の組をうまく選んで、鍵を絞るのである。そのため、この種の攻撃は、選択平文攻撃と呼ばれる。これが差分解読法の基本的な考え方だ。

ここまでは、説明のために1ラウンドの差分解読法を見てきたが、実際にはラウンド数をもっと増やして解析することになる。解読者は、DESの構造を追いかけながら、中間データの関係式を作る。平文と暗号文のペアは、ラウンド数に対してねずみ算的に増えるので、差分が計算に都合のよい値になるようなペアが見つかる確率は、どんどん下がっていってしまう。

例えば、6段のDESを考えると、所望の出力差分は、確率約 $\frac{1}{16}$ でしか正しくない。そこで、DESの構造を注意深くたどると、間違ったペアをある程度判定することができ

るようになる。それにより、正しい差分を得る確率が$\frac{1}{16}$だったのが、$\frac{1}{6}$程度にまで向上する。そうなると、例えば120組の暗号文とこれらに対応する平文の組があれば、6段のDESの鍵を決定できる。最も素朴な差分解読法の場合、8段のDESでは、$2^{14}=16384$個の選択平文が必要である。10段だと$2^{24}=16777216$個、12段だと$2^{31}=2147483648$個、14段では$2^{39}=549755813888$個、16段フルのDESでは、$2^{47}=140737488355328$個の選択平文が必要になる（より正確には$2^{47.2}$個）。これに対して、単なる全数探索（鍵候補を全部試す方法。本書では以下ブルートフォースと表現する）では、$2^{56}=72057594037927936$個の鍵を試す必要がある。つまり、差分解読法はブルートフォースよりもかなり効率的である。

とはいえ、差分解読法では、平文と暗号文のペアをうまく選ばなければならない上、必要な選択平文が多すぎるため、16ラウンドのDESを完全に破るまでには至らなかった。

差分解読法は巧妙で優れた解読法である。にもかかわらず、DESを破れなかったのはなぜか。じつは、DESの設計チームにおいて、差分解読法は想定の範囲内だったのだ。

DESの設計者チームの一人で、当時IBMに所属していたドン・コッパースミス（**図28**）は、差分解読法が、IBM社内で「T攻撃」として知られており、DESのSボックスと転置にその対策を組み込んで

図28
ドン・コッパースミス

いたと述べている[†8]。

　対策を組み込んだにもかかわらず、差分解読法について社外に公表することはなかった。差分解読法は多くのブロック暗号に対して有効で、国家機密に悪影響を及ぼす可能性があると考えられたからだった。当時は、差分解読法で破れるブロック暗号が使われていたのかもしれない。

　コッパースミスは、DESの設計の他、DESの後継暗号AESの候補となったMARSの設計などにも携わり、暗号学の文献に頻繁に登場するアメリカの暗号学者・数学者である。MIT（マサチューセッツ工科大学）を卒業後、ハーバード大学大学院へ進み、力学系の研究で有名なジョン・ハバードと幾何学者のスロモ・スターンバーグのもとで博士号を取得している。史上初めて4回（MIT在学中の1968年から1971年までの4年間連続）パットナムフェロー*となった稀有な人物でもあった。

● **あのDESを倒した——線形解読法——**

　世界最高の暗号学者たちが当時の暗号技術の粋を集めて作った暗号、DES。差分解読法は、DESに対する最初の本格的なアタックだったが、コーナーに追い詰めるには至らなかった。DESの設計者が、差分解読法に対する対策を織り込み済みだったからだ。DESには、これといった

---

*パットナム数学コンペティションと呼ばれる数学の競技会でトップ5に入る成績を収めた学生をパットナムフェローと呼ぶ。極めて難しい試験であり、数学を専攻する学生が対象であるにもかかわらず、ほとんどが0点になることも珍しくなかった。

弱点は存在しないかに思われた。

しかし、難攻不落のDESを落としてみせた研究者たちがいる。とどめを刺したのは、じつは日本人だ。三菱電機の松井充（**図29**）が率いるチームが、DESを現実的な時間で解読したのである。

松井は京都大学で数学を学んだ後、三菱電機に入社し、暗号技術の研究開発に取り組んだ人物だ。

図29　線形解読法を開発した松井充

1992年、松井はFEALという暗号に線形解読法を適用して成果をあげた。FEALは、1987年にNTTが開発したブロック長64ビットのブロック暗号であり、DESと同じフェイステル構造を持つ。FEALにはいくつかの方式がある。1987年に発表されたFEAL-4（4ラウンド、鍵長64ビット）、1988年に発表されたFEAL-8（8ラウンド、鍵長64ビット）、1990年に発表されたFEAL-N（N〔32以上〕ラウンド〔可変〕、鍵長64ビット）、FEAL-NX（鍵長128ビット）だ。FEALはDESと異なり、ソフトウェア実装時に高速に処理できる工夫がなされている。

だが、FEALの寿命は短かった。1991年にはビハムとシャミアがFEAL-N、FEAL-NXをNが31ラウンドまでなら差分解読法で解読できることを示した[†9]。1992年、松井は、FEAL-4を線形解読法により、たった5つの既知の平文と暗号文のペアで解読してみせた[†10]。これはFEALにとどめを刺す画期的な業績だったが、FEALは、

松井にとって、いわば線形解読法の練習問題にすぎなかった。

1993年から1994年にかけて、松井は難攻不落のDESに線形解読法を適用し、ついにDESの解読実験に成功する。

平文と暗号文をつなぐ関係式は、Sボックスがあるおかげで線形ではなくなっている。しかし、それを線形の関係式で「近似」するのが線形解読法の基本的な考え方である。

ここでも重要になるのは「偏り」だ。松井の論文[11]から、歴史的に重要な式を引用しよう。

ここで5ラウンドのDESを考え、平文をP（左32ビットをP_H, 右32ビットをP_L：左32ビットは上位の桁（High）に対応し、右32ビットは下位の桁（Low）にあたるため、H, Lという添え字がついている）、暗号文をC（左32ビットをC_H, 右32ビットをC_L）、iラウンドのラウンド鍵をK_iとする。以下の関係式を考える。[ ]の中はそのビット番号で、並べているものはそれら全てのビットの排他的論理和である。

$$P_H[15] \oplus P_L[7,18,24,27,28,29,30,31] \oplus C_H[15]$$
$$\oplus C_L[7,18,24,27,28,29,30,31] = K_1[42,43,45,46]$$
$$\oplus K_2[22] \oplus K_4[22] \oplus K_5[42,43,45,46]$$

この式は、どのようなことをしているのかだけがわかればこと足りる（どうしてこんな式が出てくるかを理解する必要はない）。この関係式は排他的論理和だけで書かれており、このような関係式は「線形」だと言われる。ここで

左辺は平文と暗号文だけの式で、右辺は鍵のビットだけの式である。これが重要だ。

各々が無関係であれば、この関係式が成立するかどうかは半々、つまり50%である。これは当たり前で、アタッカーにとって何の有益な情報ももたらさない。

しかし、詳しい解析によれば、各々が0か1を取る確率は半々ではない。松井によれば、この関係式が成立する確率は、0.5 + 0.019であり、0.5からずれている。一般に暗号全体で、ある線形の関係式が成立する確率が、

$$p = 0.5 + \frac{1}{M}$$

であるとき、およそ M^2 個程度の既知平文が集まれば、鍵の推定が正しい確率が約97.7%になることが知られている[†12]。Mはラウンド数や平文の数ではなく、表示をシンプルにするための記号である。よって、

$$M^2 = \frac{1}{0.019^2} = 2770.083$$

程度の平文暗号文ペアを集めることができれば、鍵ビットの推定は97.7%で正しいことになる。

これは5ラウンドのDESの解析結果である。ラウンド数が大きくなると偏りは小さくなり、必要な平文暗号文ペアの数はそれにつれて増えていく。16ラウンドフルのDESの場合は、2^{47}個の平文暗号文ペアが必要となる。これは、差分解読法で必要な選択平文の数とほぼ同じだ。しかし、線形解読法の場合は、差分解読法のように巧妙に平文を選択する必要がなく、単に既知の平文であればよい。

その点が圧倒的に優れている。

　必要なペアの数は、解読技術をさらに工夫することで減らすことができる。松井のチームは、権威ある国際会議EUROCRYPTでの発表後、2^{43}個の既知の平文と暗号文のペアで16ラウンドフルのDESの解読実験に成功する。当時のワークステーション20台を使って、わずか50日しかかからなかった。

　M^2が鍵の組み合わせよりも大きくなると、線形解読法は不可能になる。線形解読法に対する耐性、つまりMが大きくなるように設計することは、後のブロック暗号にとって必要不可欠の要求となった。

　DESの設計チームは差分解読法に対する対策は講じていたが、線形解読法までは想定していなかった。松井は、DES設計者の想定を超えた強力な解読法を編み出したのだ。

　さらに特筆すべきは、1995年に松井のチームが、線形解読法に強いブロック暗号MISTY（ミスティ）を開発したことである。2005年、MISTYは晴れて国際標準規格となった。松井はMISTYをベースとしたCamellia（カメリア）（NTTと共同）、KASUMI（カスミ）（携帯電話の国際標準規格）という暗号の開発も主導したことにより、全国発明表彰恩賜（おんし）発明賞を受賞した。日本における暗号学のヒーローと言える。

　だがもちろん、永遠に安全な暗号は存在しない。MISTYも例外ではないだろう。NTTセキュアプラットフォーム研究所の藤堂洋介は、2015年8月に開催された暗号学の国際会議CRYPTO2015で、$2^{63.58}$個の選択平文が

あれば、2^{121} の計算量で MISTY* が破れることを示した。さらに、$2^{63.994}$ 個の選択平文があれば、計算量を $2^{107.9}$ にまで減らせることを示した[†13]。この解析は、フルラウンドの MISTY に対してなされた点が重要である。

もちろん、現時点では現実的な脅威とは言えない。実際の解読にはほど遠いと言ってもいい。しかし、じわじわと MISTY の暗号解析が進行していることは確かだ。三菱に FEAL を解かれた NTT が、のちに三菱の MISTY の暗号解析で大きな成果をあげることになるのは歴史の皮肉と言えるかもしれない。

● 美しい AES

1997年9月、NIST（アメリカ国立標準技術研究所）は DES に代わる新しいブロック暗号を公募した。新しいブロック暗号は、AES（Advanced Encryption Standard）として標準化され、DES のように使われることになる。

これに対して 21 件の応募があったが、応募要件を満たしていたのは 15 件。選考基準として、十分な安全性を持つことはもちろん必要だが、それだけでは十分ではない。ソフトウェアで高速な演算が可能か、ハードウェアにしたときに少ない回路量で実装可能かなど、実装面の性能も考慮される。

第二回の AES 候補選定会議の結果、最終候補（ファイナリスト）は 5 つに絞られた。Serpent（サーペント）、

---

*正確には MISTY1 と呼ばれる暗号。

MARS（マーズ）、Twofish（ツーフィッシュ）、Rijndael（ラインダール）、RC6（アールシーシックス）である。

　AESファイナリストの開発者には、暗号業界のスーパースターが綺羅星（きらぼし）のごとく名を連ねている。

　Serpentは、ケンブリッジ大学教授（当時はユニバーシティレクチャラー）のロス・アンダーソン、イスラエルのテクニオン教授のエリ・ビハム、デンマーク工科大学教授のラース・クヌーセンが開発したものだ。アンダーソンは情報セキュリティ技術全般に多大な影響力のある研究者であり、ビハムとクヌーセンはブロック暗号の世界的権威だ。

　MARSは、11名の暗号学者によって開発された。開発者は、カロリン・バーウィック、ドン・コッパースミス、エドワード・ダヴィニョン、ロザリオ・ジェンナロ、シャイ・ハレヴィ、チャランジット・ジュトラ、ステファン・マテリアス Jr.、ルーク・オコーナー、モハンマド・ペイラヴィアン、デヴィド・サフォード、ネヴェンコ・ズニコフ。コッパースミスは、先にも登場したDESの開発者の一人でもある。

　Twofishは、ブルース・シュナイアー、ジョン・ケルシー、ダグ・ホワイティング、デーヴィッド・ワグナー、クリス・ホール、ニールス・ファーガソンによって開発された。シュナイアーは著述家（暗号学全般を解説した大書『暗号技術大全』で有名）であるほか、ブロガー、起業家でもある。ワグナーはカリフォルニア大学バークレー校教授で、暗号実装、サイドチャネルアタック（第5章で紹

介する）でも知られた研究者である。

　Rijndael は、ベルギーのルーヴェン・カトリック大学の暗号研究者ホァン・ダーメンとフィンセント・ライメン（図30）が開発した。

図30　AESを開発したダーメン(左)とライメン(右)

　RC6 は、ロナルド・リベスト、マット・ロブショー、レイ・シドニー、イーチュン・リサ・インによって開発された。リベストは RSA 暗号の開発者の一人だ。

　いずれの暗号アルゴリズムも安全性が高く、甲乙つけがたいものだった。だが当然、微妙な違いはある。例えば、ソフトウェア実装された暗号化処理の速度では、Twofish が最速だ。また、私の個人的な感触では、最も安全性を優先して保守的な設計がなされているように見えるのは Serpent だ。Twofish の設計者であるブルース・シュナイアーとニールス・ファーガソン、タダヨシ・コウノ（河野忠義）は、著書の中で Serpent を戦車に喩えている[†14]。的を射た比喩だと思う。

　AES の 2 度目のカンファレンス（AES2）で、これら 5

候補に対する投票が行われた。その結果、勝利したのはRijndael。86ポジティブ、10ネガティブという圧勝だった。Serpentが59ポジティブ、7ネガティブ、Twofishは31ポジティブ、21ネガティブ、RC6は23ポジティブ、37ネガティブ、MARSは13ポジティブ、84ネガティブであった。

2000年10月、NISTはRijndaelをAESとして正式にセレクトした。Rijndaelは平文のサイズ（暗号文のサイズと同じ）が選択可能になっていたが、AESとしては128ビットに固定された。

Rijndaelは、数学的に驚くほど美しい構造を持っている暗号だ。現在では、安全性の観点から、ブロック暗号としてDESを使うことは推奨されず、AESが使われるようになってきている。

● 暗号化しても元データが見える

ブロック暗号とは、データをブロックに区切り、それぞれを暗号化する仕組みである。アルゴリズムはともかく、ブロック暗号の役割を理解するだけなら簡単だ。日常的に利用しているドアの鍵と同じ役割を果たすと思えば、それで間違いはない。しかし、取り扱いを間違うと、そこには思わぬ罠が潜んでいる。よく注意しなければならない。

図31では、データは等間隔に区切られ、それぞれがDESやAESのようなブロック暗号関数に通されている。ブロックの暗号化に使う鍵には、全て同じKが使われている。ブロックごとに暗号化する場合、最初に思いつくの

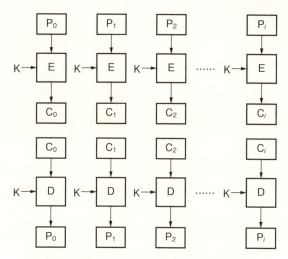

図31　ECBモード（上段が暗号化、下段が復号）

はこのようなものだろう。これを ECB モード（Electric Code Book mode ＝ 電子コード帳モード）という。

ECB モードでは、ブロックが独立して暗号化されている。また、同じデータブロックは同じ暗号文に暗号化されている。これらの特徴こそが問題を引き起こすのだ。

図32 の左側は、「寿」という文字の画像データだ。これを ECB モードで暗号化したのが右の図である。暗号化したにもかかわらず、「寿」という文字の特徴がそのまま残っていることがわかるだろう。至極当たり前のことだが、これは、文字の背景の白い部分が同じデータの並びになっているため、その部分が全く同じ暗号文に変換されてしまったことに原因がある。

この問題は、画像だけにとどまらない。テキストデータ

図32　画像データをECBモードで暗号化した例

でも同様だ。単純化していうと、単語の一部が同じデータに変換されてしまうような問題が起きる。つまり、ECBモードで暗号化すると、ブロック長よりも長い（大きい）構造を隠蔽できない。ECBモードにはこの他にも様々な問題があるため、ECBモードを使って長いデータを暗号化することは危険なのである。

　ECBモードの問題を解決するにはどうすればよいか。ひとつの解決法は、**図33**のように、直前のブロックの暗号化結果を次のブロックの暗号化に反映させることである。

　1つ目のブロックの暗号化は2つ目のブロックの暗号化に、2つ目のブロックの暗号化は3つ目のブロックの暗号化に……といった要領で、ドミノ倒しのように暗号化するわけだ。

　これをCBCモード（Cipher Block Chaining mode ＝ 暗号ブロック連鎖モード）という。図33でIVとあるのはIV（Initialized Vector ＝ 初期化ベクタ）と呼ばれ、暗号化に使う初期値だ。最初のブロックP_0は、IVと排他的

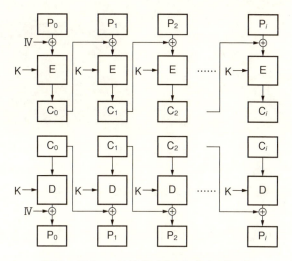

図33 CBCモード（上段が暗号化、下段が復号）

論理和された後に秘密鍵Kによって暗号化され、C_0となる。次のブロックP_1は、まずC_0と排他的論理和される。仮にP_0とP_1が同じデータブロックだったとしても、C_0と排他的論理和されることで全く異なるデータになる。この全く異なるデータを同じ秘密鍵Kで暗号化した場合、暗号化結果C_1は、C_0とは異なるものになる。

以下同様に、暗号化されたブロックが次のブロックの暗号化で用いられることが繰り返される。その結果、**図34**のように「寿」という文字の構造は消えることになる。CBCモードはECBモードとは異なり、ブロック長より大きい構造も隠蔽できるというわけだ。

処理速度の観点から見た場合、CBCモードの問題は、並列処理ができないことにある。つまり、直前のブロック

図34 CBCモードで暗号化した場合

の暗号化が終わらなければ、次の暗号化を始めることができない。

この問題を解決する方法として優れているのが、CTRモード（Counter mode＝カウンタモード）だ。

CTRモードでは、カウンタと呼ばれる規則的なデータ、例えば、1,2,3,4,…を同一の秘密鍵を使って暗号化していく（図35）。

カウンタが規則的に変化しても、それを暗号化したデータには規則性がない。そのため、ブロック暗号が一種の乱数生成器として働くのである。こうしてできた（擬似）乱数と平文データの排他的論理和を取れば、バーナム暗号と同様の暗号化ができる。バーナム暗号と同じく、復号の操作も、暗号化と全く同じである。つまり、復号の関数を用意する必要はない。これがCTRモードである。

CBCモードでは事前の値が必要となるので、並列処理できなかったのだが、CTRモードではできる。ブロックごとの処理が並列実行できるのは、CTRモードの利点のひとつだ。カウンタの値はブロックごとに異なるので、同

第1章 共通鍵暗号

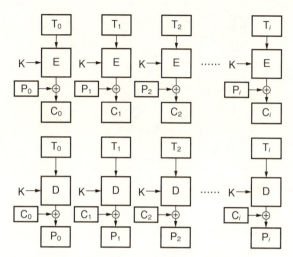

図35　CTRモード（上段が暗号化、下段が復号）

じデータブロックを暗号化しても同じ暗号文ブロックが得られることはない。

ただし、カウンタの初期値は通信ごとに変えなければならない。もし変えなければ、毎回同じ値が排他的論理和されることになり、たちまち解読されてしまうだろう。

● IC乗車券、携帯電話SIMは何をしているか

ICカード乗車券（図36）やEdyなどの電子マネー、携帯電話のSIMカード（図37）がある。

日本では2001年11月から、Suicaが首都圏で使われるようになった。その後急速に普及し、様々なバリエーションを含みつつ、キヨスク、コンビニエンスストア、JRのキーレスロッカー等でIC乗車券による支払いができる

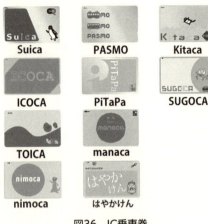

図36　IC乗車券

図37　SIMカード

ようになったのはご存じのとおりだ。

ICカードとSIMチップは、見た目は異なるが、本体はどちらも図37の金属部分の下にある5ミリ角のICチップである。セキュリティ上の役割は本質的にほぼ同じである。

Suicaをはじめとする IC 乗車券（兼電子マネー）は、ソニーが開発したFeliCa（フェリカ）という非接触式ICカードの通信方式を採用している（ISO7816-4規格）。

ICカード乗車券自体は、内部に電源を持たない。代わりに、図38のようにICカードにはコイルが内蔵されてお

第1章 共通鍵暗号

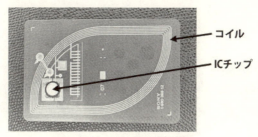

図38　ICカード乗車券の内部

り、改札機から発信される電波によって起電力が生ずる。

つまり、改札機がICカードに電力を供給しているわけだ。FeliCaは全て13.56MHz帯の周波数の無線を使用して電磁誘導によって発電を行い、その電力で通信と暗号処理などを行う。FeliCaではICカードの認証（これを内部認証と呼ぶ）と、ICカードが処理システムを認証するための外部認証を行っている。共通鍵暗号を使う内部認証方式は、**図39**に示す通りだ。

これは暗号学で「チャレンジレスポンス認証」と呼ばれる方式である。内部認証では、改札機は所定の長さの乱数を発生させ、電波でICカードにその乱数を送信する。この乱数をチャレンジという。それに対し、ICカードが保持している秘密鍵を使って、改札機から受け取った乱数を暗号化し、改札機に送信する。この暗号化された乱数をレスポンスという。

改札機（正確には改札機とつながっているサーバ）は、改札機が保持する秘密鍵を用いて、先の乱数を暗号化する。レスポンスと一致すれば、ICカードに格納されてい

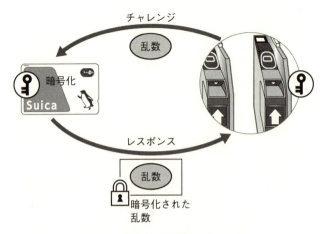

図39　ICカード乗車券の内部認証

る秘密鍵と改札機で持っている秘密鍵が同一であることがわかる。これがチャレンジレスポンス認証だ。

　外部認証では、カードと改札機の役割を反転して、チャレンジレスポンス認証のやりとりをすることになる。内部認証と外部認証を合わせて相互認証という。一方だけしか認証しない場合は片側認証という。

　チャレンジレスポンス認証では、毎回予測できない乱数が問題として出され、それに正しく答えるには正しい秘密鍵を持っていなければならないと考えればよい。「山と言えば川」というような決まったやりとりでは、それをもう1回繰り返せばいい（リプレイアタック）だけになってしまうので、チャレンジとして毎回違う乱数が必要なのだ。ICカードは改札を通る際、タッチ・アンド・ゴーのほぼ一瞬（0.5秒以内）に、認証を含むいくつかの処理をこな

す(実際には通信路の暗号化も含まれるが、ここでは認証に限って説明した)。

　共通鍵暗号のアルゴリズムは、安全性が保たれるものであれば何でもよい。FeliCaでは最初、相互認証にはトリプルDES(DESを3つ直列につないで強度を上げたもの)を採用し、2011年からAES-128を用いるようになった。旧カードとの互換性を維持しつつ、徐々にAES-128に移行している。

　共通鍵暗号方式によるチャレンジレスポンス認証の問題点は、サーバ側も秘密の鍵を保持していなければならないということだ。サーバ経由で秘密鍵を盗み出せたとすると、ICカードの秘密鍵もわかってしまうという問題が発生する。この問題は、後に述べる公開鍵暗号を使えば解決するが、共通鍵暗号と比べて処理時間が跳ね上がり、タッチ・アンド・ゴーの時間(0.5秒以内)で処理するためのリソースが大きくなる。それに比べると、共通鍵による認証の方がローコストであることは間違いない。

第 2 章

ハッシュ関数

暗号の使い方は通信内容を秘匿するだけではない。この章では、暗号が、通信内容が第三者によって改竄されていないかを確認する手段になることや、ウェブサービスのパスワード認証にも用いられていることを解説する。

● **切り刻んで混ぜる法**

　暗号系を構成する三種の神器は、「共通鍵暗号」「公開鍵暗号」「ハッシュ関数」であった。

　ハッシュ関数とは、データを混ぜあわせて一定の長さのデータを作り出す関数である（**図40**）。出力されるデータをハッシュ値、またはメッセージダイジェストという。

図40　ハッシュ関数のイメージ

　ハッシュとは、もともと「切り刻んで混ぜる」という意味である。ハッシュドポテトやハッシュドビーフのハッシュも同じ意味だ。もともとはIBM発祥の隠語であったが、後に専門用語として定着した。実際、ハッシュ関数はデータを切り刻んで混ぜる処理から構成されているのだから、よく出来た用語だ。

　ハッシュ関数の特長はいくつかある。暗号学的に重要と考えられるのは、データの改竄が検出できることだ。データをほんの少し改竄しても、ハッシュ値が大きく変化す

る。概念的に言えば、**図41**のようなことが起きるようなものだ。

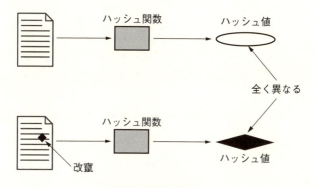

図41　改竄の検出

一般に、改竄は文書のほんの一部である可能性が高いので、文書全体を比較するのは高コストとなる。文書のどこが違うのかはともかく、同じかどうかだけを判定したい。そんなとき、ハッシュ関数が役に立つのだ。

メッセージの一部を変更したときにハッシュ値がどのように変わるか、MD5を例に取って見てみよう。MD5は1991年にRSAの発明者の一人、ロナルド・リベストが設計したハッシュ関数である（ストリーム暗号の話にも出てきたあのリベストだ。暗号学を学ぶと、彼の名に繰り返し出合うことになる）。MD5は任意の長さのデータに対して、128ビットのハッシュ値を返す。

ここでは、

Information is not knowledge.

という文字列*のMD5を用いたハッシュ値を計算してみよう[†15]。結果は、以下のようになる。

66ccbf379cd611b78bef50557efa29a3

　これは、ハッシュ値を16進数で表現したものである。16進数では、0から9までの数字10個とaからfまでのアルファベット6個で0から15までの数字を表現し、16になると1桁繰り上がるようになっている。だからfは15を表し、2進数に直せば1111となる。

　ここで、元の文字列の最後のピリオドを削除した新たな文字列、

Information is not knowledge

のハッシュ値を計算してみると、次のようになる。

3c70d9e8d84525ca930032663c7e1f74

　原文のピリオドを1つ削除しただけだから、些細（ささい）な変更といっていい。にもかかわらず、ハッシュ値がガラッと変わったことがわかるだろう。ハッシュ値はどこか一部だけではなく、全体が変わるのだ。これは、ハッシュ関数が備えるべき性質のひとつである。つまり、メッセージがほんの僅かだけ改竄されても、ハッシュ値は大きな影響を受けるということだ。

　ただ、暗号を使ったシステムの部品として使うには、こ

---

* Frank Zappaの名曲Packard Gooseの一節。

の性質だけでは十分ではない。まず、ハッシュ関数は、逆にたどれないように作る必要がある。ハッシュ値を見て、元のデータがわかると困るからだ。この性質を、「一方向性」あるいは「原像計算困難性」という（**図42**）。ハッシュ値を計算するのは簡単なのに対して、元に戻すのは難しいということだ。ハッシュ関数はシュレッダーのようなものだと思えばイメージしやすい。シュレッダーに文書を放り込んで細かくするのは簡単だが、出てきた紙片を元の文書に戻すのは難しいだろう。

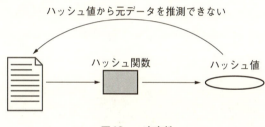

図42　一方向性

また、ハッシュ関数の目的は改竄の検出にあるから、異なるデータに対して同じハッシュ値が出力されること（＝衝突）が起きると困る。簡単に衝突が起きるということは、データを改竄するのも簡単だということだ。衝突を簡単に見つけられないという性質、つまり「衝突困難性」が重要になる（**図43**）。

衝突困難性*の性質をイメージするためには、ダメなハッシュ関数を考えてみるといい。話を簡単にするために、テキストデータに限って考えよう。テキストの最初の8

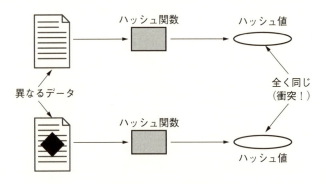

図43 ハッシュ値の衝突

文字だけをハッシュ値とするハッシュ関数だ。このハッシュ関数を Hash8 としよう。例えば、「今週金曜日の午後3時にうかがいます。」というテキストを Hash8 でハッシュすると、

　　Hash8（今週金曜日の午後3時にうかがいます。）
　　＝今週金曜日の午後

となる。

しかし、内容の異なるテキスト「今週金曜日の午後5時にうかがいます。」を Hash8 でハッシュすると、

　　Hash8（今週金曜日の午後5時にうかがいます。）
　　＝今週金曜日の午後

＊ここで、困難という言葉を使ったが、暗号学者が解析に取り組んでも簡単ではない、というほどの意味と考えてさしつかえない。

となり、全く同じハッシュ値が得られる。これは衝突だ。Hash8 は、衝突困難性を満たさないのだ。また、Hash8 では、ハッシュ値から最初の 8 文字を知ることができる。もし、ここに秘密情報が書かれていたら危険だ。したがって、これは一方向性も満たしていないことを意味する。

もちろん、こんな単純なハッシュ関数が実際に使われることはない。だが、プロの暗号学者が設計したハッシュ関数でさえ、同業者が注意深く調べるとこうした穴が見つかることがある。

● マークル・ダンガード構成法

最初の 8 文字だけ取るようなハッシュ関数ではダメだということはわかった。だったら 1 文字おきに取ればいい、というほど単純な話でもないだろう。

図44
ラルフ・マークル

一方向性（原像計算困難性）、衝突困難性を満たすようなハッシュ関数は、どのように構成すればよいだろうか。ハッシュ関数の構成法はいくつか知られているが、最もわかりやすいものとして、マークル・ダンガード構成法（Merkle-Damgård construction）が挙げられる。

マークル・ダンガード構成法は、1979 年のラルフ・マークル（**図44**）

図45
イワン・ダンガード

の博士論文[†16]で提案されたものだ。イワン・ダンガード（**図45**）は、マークルとは独立にこのアイデアに辿り着いている[†17]。

その基本構造は、**図46**のようになる。

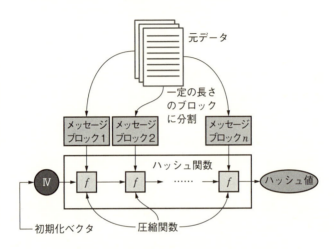

図46　ハッシュ関数のマークル・ダンガード構成法

ここで、圧縮関数fとは、2つの同じ長さの入力を1つ分の長さのデータに（つまり入力全体を半分の長さに）圧縮する関数のことである。一番左のfの場合なら初期化ベクタIVとメッセージブロック1が入力になり、左から2番目のfであれば、最初の圧縮関数の出力とメッセージブロック2が入力になる。メッセージをブロックに分割し、初期化ベクタと最初のブロックを圧縮関数fに通し、その出力と第二ブロックを同じ圧縮関数に通し……という操作を繰り返す。そして、最後のブロックを圧縮関数に通した

出力をハッシュ値として出力するのである。

一般には、メッセージブロックがきれいに区切れるとは限らず、余りが出てしまう。例えば、前節に出てきたMD5というハッシュ関数では、メッセージは512ビット単位で処理されるので、512ビットの倍数ではないメッセージには余ったブロックが出てしまう。その際は、詰め物をして余りが出ないようにする。この操作をパディングという。パディングは、暗号学的には深い考察が必要となる重要なポイントだが、話が複雑になりすぎるので、ここではデータがきれいに区切れる場合を考えよう。

マークル・ダンガード構成法のポイントは、圧縮関数を繰り返し使うだけで構成されていることだ。そのため、繰り返し型ハッシュ関数、または反復型ハッシュ関数とも呼ばれている。先に例として挙げたMD5は、マークル・ダンガード構成された代表的なハッシュアルゴリズムだ。

これがハッシュ関数として機能する理由は、最後のハッシュ値が、全てのデータブロックの影響を受けるということである。直前のメッセージブロックを圧縮関数に通して次のブロックと混ぜるため、メッセージブロックをわずかに改変しても、結果として出力されるハッシュ値が大きく変わる可能性が高い。つまり、ハッシュ値は、メッセージの改竄を検出することができる。

圧縮関数 f が衝突困難であれば、ハッシュ関数全体も衝突困難であることを数学的に証明できる。この性質は、ハッシュ関数の設計者にとって好都合だ。この性質のおかげで、設計者は圧縮関数の設計に集中できる。これはマーク

ル・ダンガード構成法の利点のひとつだ。

マークル・ダンガード構成法による処理をたとえ話で説明すると、次のようになる。まず、データをメッセージブロックに分割する。この切り刻む処理は、シュレッダーの処理によく似ている。違うのは、シュレッダーの場合、処理されて出てくる紙の総量には何の変化もないことだ。

これに対して、圧縮関数に繰り返し入力する処理は、シュレッダーから出てきた紙チップに書かれている文字や図を、全部1枚の小さな紙チップに重ね書きする処理と似ている。しまいにはチップは真っ黒になって、もともと何が書かれていたかわからなくなるだろう。これがハッシュ値だと思えばよい。圧縮関数に繰り返し通すプロセスは、単なる重ね書きよりも複雑な処理をしているが、イメージはわくだろう。

MD5の圧縮関数は比較的シンプルな作りなので、その構造も見ておこう*。MD5の圧縮関数の構造は、**図47**のようになっている。

田んぼの「田」のような記号は、足し算してその結果の下位32ビットだけを切り出す一種の足し算を意味する。「<<<s」はs回の左巡回シフトを表す。ここで左巡回シフトとは、1桁左にずらして、あふれた最上位の1ビットを最下位に移すことを意味する。MD5はこの操作を64回繰り返す。

図47を見て、既に気付いている読者もいると思うが、

---

*ただし、MD5には弱点があり、使用は勧められない。ここではわかりやすさを優先し、MD5を説明している。

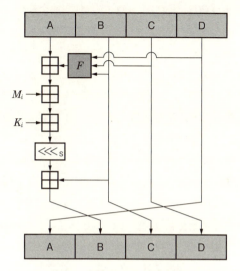

図47　MD5のラウンド処理

　圧縮関数はラウンド鍵を混ぜる操作を除いて、ブロック暗号と似た構造を持つ。したがって、圧縮関数としてブロック暗号を取ることもできる。例えばAES-128の場合、平文も鍵も128ビットである。鍵の代わりに初期化ベクタやメッセージブロック（またはハッシュ値）を入力することにすれば、圧縮関数として機能することがわかる。このように、ブロック暗号を圧縮関数として構成されるハッシュ関数は、しばしばブロック暗号型ハッシュ関数と呼ばれる。

　余談だが、逆に、よいハッシュ関数があれば安全なブロック暗号が構成できることもわかっている。例えばハッシュ関数をF関数として使うことで、わずか3ラウンド（F

関数を3つ使う)のフェイステル型の安全なブロック暗号が構成できる[†18]。つまり、ブロック暗号とハッシュ関数は、理論的には一方から他方を構成できるという意味で同じものなのである。実際には、よいハッシュ関数をF関数として使うには大きすぎるから3ラウンドで安全なものを作ることは難しいのだが、ハッシュ関数とブロック暗号が非常に近い関係にあることがわかるだろう。

ハッシュ関数はメッセージの改竄を検出することができるが、ブロック暗号を使っても同様のことができる。

ブロック暗号のCBCモードで暗号化した場合、最後のブロックの暗号化結果は、それまでのブロックの暗号化結果が全て混ぜ合わされたものになっている。ということは、もし、どこかのブロックが改竄されたら、それによって最後のブロックの暗号化結果も変化するはずである。つまり、最後のブロックの暗号化結果は、改竄を検知する機能を持っている。これをCBC-MAC(MAC:Message Authentication Code =メッセージ認証子)といい、広く使われている。CBC-MACでは、初期化ベクタ IV を0に固定して用いる。MACはハッシュ値のようなものだ。CBC-MACはマークル・ダンガード構成されたハッシュ関数とは若干異なるが、次節で述べる伸長攻撃が可能なのでCBC-MACは固定長データに対して用い、可変長のデータには用いない。

● 鍵付きハッシュ関数を破る

ハッシュ関数のメッセージが改竄されているかどうかを

検証することはできる。だが、そのままでは、そのメッセージを誰が書いたかまではチェックできない。しかし、そもそもハッシュ関数はメッセージの改竄を検出することができるのだから、秘密の鍵とメッセージをつないでハッシュすれば、認証を行うことができるはずだ。つまり、事前に送信者と受信者の間で鍵を共有しておく。

その上で、**図48**のようにして、メッセージ1をつないでハッシュ関数に入れれば、得られるハッシュ値は鍵に依存している。したがって、秘密鍵を知っている者がそのメッセージを書いたことを証明できることになる。鍵を共有した者でなければ、ハッシュ値からメッセージが改竄されているかどうか検証できないところがポイントだ。これを鍵付きMACという。

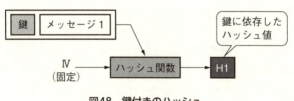

図48　鍵付きのハッシュ

しかしじつは、この鍵付きMACに対しては、鍵を持っていなくてもメッセージを改竄できるのだ。
「メッセージ1」と「メッセージ2」の2つをつないだメッセージを考える。例えば、

　　メッセージ1 =「アリスは大学生である。」
　　メッセージ2 =「ハーバード大学に通っている。」

とすれば、メッセージ1と2をつないだ新たなメッセージは、

「アリスは大学生である。
ハーバード大学に通っている。」

となる。

この「メッセージ1＋メッセージ2」に対するハッシュ値は、当然ながらメッセージ1と鍵から作られたハッシュ値H1とは異なる値H2となる（**図49**）。

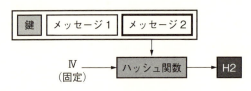

図49　メッセージを追加してハッシュ

しかし、マークル・ダンガードによるハッシュ関数の構成法の最大の特徴である「圧縮関数に繰り返し通す」という構造をよく見ると、H2を得るには鍵は不要である。なぜなら、**図50**のようにH1とメッセージ2をハッシュ関数に通せばH2が得られる。つまり、アタッカーは、H1とメッセージ2だけでH2を作れることになる。だから、

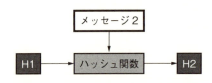

図50　鍵を使わないでハッシュ値H2を計算する

鍵は不要なのだ。

この攻撃は、「伸長攻撃（length extension attack）」と呼ばれている。伸長攻撃ができることは、マークル・ダンガード構成法の重大な欠陥だ。現在では、HashPumpという伸長攻撃用のツールまで揃ってしまっている。

伸長攻撃を防ぐ最も簡単な方法は、メッセージに、その長さを添えて（パディングして）ハッシュすることである。長さの情報が含まれているので長さの変わる伸長攻撃はできなくなる。この方法は、マークル・ダンガード強化法と呼ばれる。もう少し複雑な対策法としては、鍵を2つに分割し、各々の鍵に対する鍵付きハッシュ関数を入れ子にして用いるHMACがあり、現在ではHMACがよく使われている[19]。

余談だが、新しいハッシュ関数標準（SHA3）となったKeccak（キャッチアック）は、スポンジ構造というマークル・ダンガード構成法とは全く異なった構造を持つ[20]。こちらはマークル・ダンガード構成法のように直前のブロックまでの圧縮関数の値をそのまま使うのではなく、その多くを捨ててしまうことによって安全性を高めている。

● **バースデーパラドックス**

衝突困難なハッシュ関数を設計するには、バースデーパラドックスの概念が役に立つ。バースデーパラドックスは、有名な話なので知っている人もいると思うが、まずは、次の問題を考えてみたい。

部屋に23人の人がいる。このとき、誕生日が同じペアが一組以上ある確率はどれくらいか。ただし、うるう年は考えないものとする。

うるう年を考えないのであれば、1年は365日だ。そこで、誕生日の一致するペアが（少なくとも一組）現れる確率（p）を計算した結果は、**図51**のようになる。

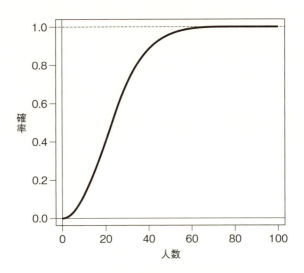

図51　誕生日が一致するペアが現れる確率

誕生日が一致するペアが現れる確率は、23人の部屋で50.7%にも達している。部屋にいる人の数が増えると、確率が急激に増加することがわかるだろう。

なぜこのようなことが起きるのか。結論を言うと、バー

第2章 ハッシュ関数

スデーパラドックスの本質は、「部屋にいる人数を増やすと、ペアの総数がその2乗に比例して増えること」にある。

例えば、5人の中から2人のペアを選ぶときの手順を考える。まず、5人のうちから1人を選び、残った4人の中から1人を選ぶパターンの総数を2で割ればよい。2で割る理由は、最初に選んだ1人と次に選んだ1人を入れ替えても、ペアは変わらないからだ。つまり、5人の場合のペアの総数は、$5 \times \frac{4}{2} = 10$ となる。10人の場合は、$10 \times \frac{9}{2} = 45$、20人の場合は、$20 \times \frac{19}{2} = 190$ だ（**図52**）。

5人の場合のペア

10人の場合のペア

20人の場合のペア

図52 ペアの総数の増え方

93

一般に、n 人であればペアの総数は

$$\frac{n(n-1)}{2} = \frac{n^2}{2} - \frac{n}{2}$$

となる。n が大きいとき $\frac{n^2}{2}$ は相対的に $\frac{n}{2}$ の影響を受けづらくなるから、この値はほぼ $\frac{n^2}{2}$ に近い値になる。つまり、ペアの総数は、人数の2乗にほぼ比例して増加することがわかる。こうなると人数が増えるに従って、ペアの数はすごい勢いで増えていくので、誕生日の衝突も急激に起こりやすくなる。逆に言えば、誕生日の衝突を見つけるのに必要な人数は、誕生日の候補全体のルートくらいあればいいということだ。

ここで、ハッシュ値のサイズが m ビットであるとすると、$n = 2^m$ と表現できる。衝突を見つけるのに必要なハッシュ値の個数は、バースデーパラドックスがはたらくため、$\sqrt{n} = 2^{m/2}$ くらいあれば十分である。

例えば、$m = 32$ ビットとする（$n = 2^{32}$）と、その平方根はわずか16ビットであり、一致の可能性がかなり高い。つまり、$\sqrt{n} = 2^{16} = 65536$ 個程度のメッセージを集めることができれば衝突が起きる[21]、と期待できる。これはまずい。つまり、望むだけ一致確率を下げたいのであれば、$\sqrt{n}$ 個程度のメッセージを集めれば高い確率で衝突が起きることを考慮して、$\sqrt{n}$ が十分大きくなるようにハッシュ値のサイズ n を決めなければならない。ハッシュ値のサイズは、事実上バースデーパラドックスによって決まってしまうのである。

● パスワード認証

ハッシュ関数はウェブサービスのパスワード認証に使われている。例えば私は、自宅から大学のウェブサイトにアクセスして仕事をすることがある。大学内のサービスを利用するには、パスワードの入力が必要だ。当然ながら、生のパスワードがネットワークに流れたら大変なことになる。パスワードの流出を防ぐ仕組みのひとつが、APOP（APOP3）と呼ばれるプロトコルだ（この方式は推奨されていない。その理由は以下で明らかになる）。

APOPの仕組みは簡単だ。認証のため、サーバはチャレンジC（もちろん乱数）をユーザのPC（のクライアント）に送信する。ユーザはパスワードを入力し、Cと並べ、ハッシュ関数MD5でハッシュしてハッシュ値R＝レスポンスをサーバに送信する（**図53**）。

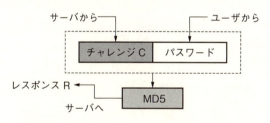

図53　チャレンジとパスワードを並べてハッシュ

サーバ側ではサーバ内にあるチャレンジCとパスワード（pwd）を並べてMD5でハッシュし、そのハッシュ値とRが一致するかどうかをチェックする。ハッシュ値が一致していれば、ユーザは正しいパスワードを入力したこ

とになる（図54）。

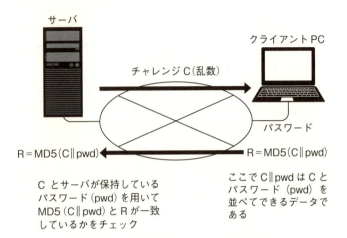

図54　APOPを用いたパスワード認証

　ネットワークでチャレンジとレスポンスを盗聴したとしても、パスワードはチャレンジと混ぜられてハッシュ関数で粉々にされ、めちゃめちゃにかき混ぜられている。したがって、復元は難しいはずだ。チャレンジが毎回異なるため、レスポンスも毎回異なるから、リプレイアタックはできない。ハッシュ値の長さは固定値なので、パスワードの長さを推定されることもないはずだ。

　なかなかよくできたプロトコルに見える。しかし、アタッカーはチャレンジCを盗聴できるので、パスワードがわかりやすいものであれば辞書攻撃（ディクショナリーアタック）ができる。つまり、「111111」や「123456」のように単純な数字列や、「password」のような推定され

やすい単語や、これをわずかに変形させた password123 のような弱いパスワードが多くある。このようなよくあるパスワードのリストをあらかじめ作っておき、受け取ったチャレンジと混ぜてハッシュ値を計算し、ハッシュ値が一致するものを選び出せばよいのだ[22]。

では、辞書にない文字列を多く含むパスワード、極端に言えば乱数のようなものであれば安全ではないだろうか。

ところが、APOP の脆弱性の解析は着々と進んでいる。大きな問題は、APOP で使われているハッシュ関数 MD5 に、2004 年 8 月の段階で現実的な時間で衝突を見つける方法が見つかったことである。これが契機となって、APOP の解析が進み、2007 年には、パスワードの一部を復元できるようになった[23]。

翌 2008 年、この攻撃は最終的に完成した。とどめを刺したのは、電気通信大学の太田和夫教授のグループだ[24]。実用上も 31 文字までパスワードを復元できるというのである（ただし、これらの攻撃では、サーバになりすます必要があるが）。パスワードが辞書にあるようなものであれば、いくつかの文字が判明した時点で辞書攻撃に切り替え、攻撃を高速化することもできるだろう。

暗号学者たちは日々、ハッシュ関数の衝突を探し続けている。それは、衝突を見つける方法を洗練させることで、攻撃ができるからなのだ。

このような攻撃から防衛するには、なりすましができない仕組みを導入する必要がある。そのためには、後に説明する SSL を使えばよい。現在では、APOP は非推奨であ

り、代わりにPOP3S（SSL/TLS*上のPOP3）などが推奨されている。だが実際のところ、APOPは2017年現在でも使われている場合がある。暗号学的な穴が見つかっても、既に使われているシステムが安全なものに置き換わるには、多大な時間が必要なのだ。

---

*SSL/TSLについては、第3章で説明する。

第 3 章

公開鍵暗号 ── RSA暗号

これまでの章で扱った暗号は、暗号化の鍵（閉める鍵）と解読の鍵（開ける鍵）が同じものだった。しかし、1976年に登場した公開鍵暗号は、閉める鍵と開ける鍵が異なるという驚くべきものだった。本章では、代表的な公開鍵暗号のひとつRSA暗号を解説する。

● **公開鍵という思想**

　公開鍵暗号とはどんなものか。まず、「閉める鍵と開ける鍵が異なる暗号系」ということができる。閉める鍵は一般に公開されるもので公開鍵と呼ばれ、開ける鍵は秘密鍵と呼ばれる。

　公開鍵と秘密鍵の間には数学的な関係式があり、「原理的には」公開鍵から秘密鍵を計算することができる。数学的な観点では、公開鍵と秘密鍵は適当な条件下で1対1に対応しているから、公開鍵を知ることと秘密鍵を知ることは「同値」である。

　しかし、公開鍵から秘密鍵を知るのに多大な時間——例えば数万年——かかるとすればどうだろうか。公開鍵から秘密鍵を導き出すのは、実質的に不可能と言ってよいのではないか。これが、「計算量的安全性」と呼ばれる性質だ。

　一般に、計算量が多いというのは困った問題だろう。だがそれを逆手に取り、安全性につなげて考えたことが公開鍵暗号の斬新なところだ。

　公開鍵暗号のベースとなった（実際に機能する）アイデアを最初に提示したのは、スタンフォード大学に所属していたホイットフィールド・ディフィーとマーティン・ヘルマンである（**図55**）。1976年、彼らは驚くべきプロトコルを発表した[†25]。それを使えば、事前に秘密を共有することなく、共通鍵暗号の秘密鍵を共有することができるのだ。今では、ディフィー・ヘルマン鍵交換（DH鍵交換）と呼ばれている。

第3章 公開鍵暗号 —— RSA暗号

図55 ディフィー(左)とヘルマン(右)

　DH鍵交換のアイデアは、普段馴染みのない数学を経由する必要がある。DH鍵交換のアイデアの核心部分については、第4章で説明することにして、ここではよりわかりやすいRSA暗号から説明しよう。

　公開鍵暗号を構成するためには、「一方向性関数」が必要となる。一方向性関数は、順方向の計算が容易なのに対して、逆方向が計算量的に困難な関数だ。

　最もわかりやすい例が、掛け算関数である。掛け算（順方向の計算）は簡単だが、因数分解（逆方向の計算）が難しいというものだ。$6 = 2 \times 3$くらいならどうということはないが、例えば、4056203を因数分解せよ、と言われたらどうだろうか。答えは、1061×3823だが、暗算でできる人はあまりいないだろう。一方、この掛け算ができない人もほとんどいないだろう。さらに大きな数となると、掛け算は簡単でも因数分解は劇的に難しい。

　どの程度難しいのか。RSA社は、「RSA因数分解チャレンジ」として、素因数分解の問題をウェブサイトに掲載し、解読者に賞金を与えていた。問題はチャレンジナンバ

ーと呼ばれ、桁数が上がると賞金も上がる仕組みになっている。

図56は、RSA-768と呼ばれるチャレンジナンバーとその因数分解結果だ。因数分解には2.2GHzのAMD Opteron CPU換算で2000台分のマシンパワーで約3年かかっている。

掛け算が一瞬でできるのに対して、因数分解は圧倒的に難しい。コンピュータを使ってさえも。このように、順方向の操作だけが簡単で、逆方向の操作が著しく困難な性質は、一方向性と呼ぶにふさわしい。

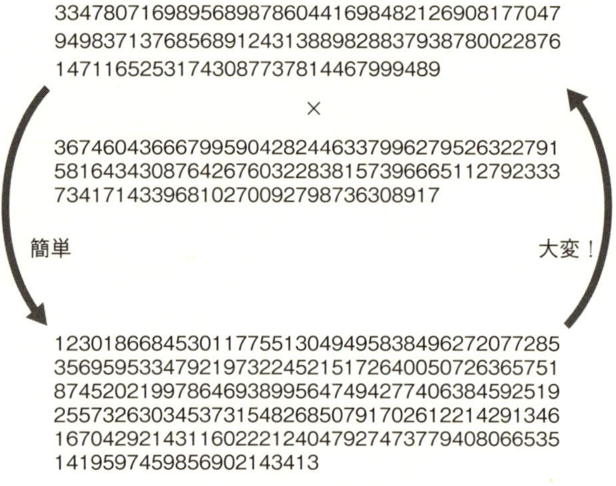

```
33478071698956898786044169848212690817704
79498371376856891243138892883793878002287
6147116525317430877378144679994
```

×

```
36746043667995904282446337996279526322791
58164343087642676032283815739666511279233
3734171433968102700927987363089
```

簡単　　　　　　　　　　　　　　　　　　大変！

```
12301866845301177551304949585384962720772
85356959533479219732245215172640050726365
75187452021997864693899564749427740638459
25192557326303453731548268507917026122142
91346167042921431160222124047927473779408
066535141959745985690214341
```

図56　掛け算と素因数分解

それにしても大きな数だ。RSA-768は既に因数分解されてしまったが、10進数で232桁もある。暗号の世界では、天文学的な数字など雑魚にすぎない。次節で詳細に説

明する RSA 暗号では、1024 ビット ($2^{1024} \fallingdotseq 10^{308.25}$：309 桁)、2048 ビット ($2^{2048} \fallingdotseq 10^{616.51}$：617 桁) といった数字が現れる。(観測可能な) 宇宙の原子の総数が $10^{80} \sim 10^{100}$ 程度でしかないのと比較すると、RSA 暗号で使われる数字は、500 桁以上も大きい。桁が違いすぎる。

掛け算関数は一方向性を持つと考えられているが、今のところその証明は知られていない (この問題については第4章の最後でやや詳しく説明する)。また、後ほど紹介するように一方向性を持つと期待されている関数は他にもある。

RSA 暗号に限らず、公開鍵暗号ではなんらかの一方向性関数が必要である。

● RSA 暗号

素因数分解を使って、閉める鍵と開ける鍵が異なる暗号を作るにはどうすればいいだろうか。この問題を解くには、数論 (整数論) を使う必要がある。RSA 暗号に限らず、一般に公開鍵暗号は高度な数学が必要となるため、数式での説明を避けることはできない。

最初に使うのはオイラーの定理だ。ここではオイラーの定理を RSA 暗号で使う特殊なケースに限って説明する。

オイラーの定理とは、素数 p, q に対し、p, q を約数に持たない整数 a に対し、$N = pq$ とするとき、

$$a^{(p-1)(q-1)} \equiv 1 \pmod{N}$$

が成り立つという定理だ。ここで $A \equiv B \pmod{N}$ とは、

$A-B$ が N の倍数になるという意味である。証明はともかく、この結果が成り立つことは数値で確認できる。

一例として、$p=5, q=7$ とする。$N=5\times7=35$ である。このとき、$(p-1)(q-1)=(5-1)\times(7-1)=4\times6=24$ となる。$a=2$ としてみよう。2 は 5 の倍数でもないし、7 の倍数でもない。

$$a^{(p-1)(q-1)}-1=2^{24}-1=16777215$$

となる。すると、確かに

$$16777215 = 479349 \times 35$$

となり、35 の倍数になっている。つまり、

$$2^{(5-1)(7-1)} \equiv 1 (\mathrm{mod}\, 35)$$

が成り立っている。

この性質をひとひねりするだけで、RSA 暗号ができる。オイラーの定理(の特別な場合)に戻ろう。

$$a^{(p-1)(q-1)} \equiv 1 (\mathrm{mod}\, N)$$

の両辺を k 乗してから両辺に a をかければ、

$$a^{k(p-1)(q-1)+1} \equiv a (\mathrm{mod}\, N)$$

となる。もし、

$$ed = k(p-1)(q-1)+1$$

となるような e と d を選ぶことができれば、e と N のペ

ア——(e, N) を閉める鍵、d と N のペア (d, N) を開ける鍵——にできるだろう [26]。つまり、メッセージ M に対し、

$$C \equiv M^e \pmod{N}$$

を暗号文とする。ここで使ったのは閉める鍵 (e, N) である。このとき、暗号文 C を d 乗すれば、

$$C^d \equiv (M^e)^d \equiv M^{ed} \equiv M^{k(p-1)(q-1)+1} \equiv M \pmod{N}$$

となり、元のメッセージが復号される。ここで使ったのは、開ける鍵 (d, N) である。すなわち、閉める鍵と開ける鍵が異なる暗号系ができたことになる。閉める鍵を公開鍵、開ける鍵を秘密鍵という。もう少し細かく言うと、N を公開モジュラス、e を公開指数、d を秘密指数という。これがロナルド・リベスト、アディ・シャミア、レオナルド・エーデルマンが発明したRSA暗号 [27] である(**図57**)。

RSA暗号の暗号化と復号がうまくいくことを、数値で確認しておこう。

図57 RSA暗号の発明者(左からリベスト、シャミア、エーデルマン)

$p=11,\ q=17,\ N=pq=187,\ (p-1)(q-1)=(11-1)\times(17-1)=160$ とする。$e=3, d=107$ とすると、

$$3\times 107 - 2\times 160 = 1$$

が成り立つ。

メッセージ M を 19 とすると、暗号文は、

$$C = 19^3 \bmod 187 = 6859 \bmod 187 = 127$$

となる。ここで $A \bmod N$ は、A を N で割った余りという意味である。

$$C^d \bmod N = 127^{107} \bmod 187$$

ここで、127^{107} は、

1279375831562765613638083962962117751421642844214660233740161065100054988181622632052653366345239043229965005916845758616841274554956174343139716644385571696320295636594003997001682862207054914571832586248786061088770997253503

という巨大な数だが、187 で割った余りは確かに 19 になっている。つまり、復号はうまくいく。実際の暗号処理では、べき乗してから余りを取るわけではなく、余りを取りながらべき乗操作を行う。

RSA暗号が暗号として機能する大きな理由は、N で割った余りを考える部分にある。e 乗して N で割り、商は

隠して余りだけ見せると、もとの数字がわからなくなるのだ[†28]。

RSA暗号に、安全上の問題がないわけではない。それは、「公開鍵 (e, N) から秘密鍵 (d, N) を割り出すことが、計算量的に困難でなければならない」ということである。つまり、N が非常に大きい場合——例えば、p, q がそれぞれ1024ビット（2進数で1024桁。このとき、その積 $N = pq$ は2048ビットになる）で、d が N と同じくらいの長さを持つような場合——には、N の素因数分解と同じくらい計算量的に困難だと「信じられている」。だが、これは無条件に期待できることではない。詳しくは第4章で述べる。

RSA暗号はコロンブスの卵だ。言われてみれば、そうなる理由を理解するのは難しくないが、最初にこれを思いつくのは容易ではない。

● 素数は弾切れになるか

RSA暗号は素数のペアに基づく暗号だ。RSA暗号を実現するとき、まず数学的に問題となるのは、「素数がどの程度たくさんあるか」ということである。

RSA暗号では、秘密鍵と公開鍵のペアを1つ作るために、2つの異なる素数が必要となる。安全に運用するためには、素数が重複することは許されない。したがって、RSA暗号を実際に使うために、やたらと多くの素数が必要になるのだ。

暗号の教科書を開いてRSA暗号の説明を見ると、こと

もなげに1024ビットの素数などと書かれている。だが、これは十進数で300桁を超える巨大なものだ。確かに、素数が無数にあることは、ユークリッドが紀元前に証明済みだ。しかし、どの程度あるかとなると、問題は遥かに難しくなる。300桁にもなる大きな素数がわずかしかなければ、RSA暗号は使いものにならない。例えば、1024ビットの素数が100個しかなければ、その中から異なる2つのp, qを選び、ブルートフォースで$N=pq$になるものを探せばいいことになってしまう。RSA暗号にとって、素数はライフルの弾のようなものだ。弾切れになれば使いものにならない。

素数がどの程度たくさんあるのか、どのように分布しているのかという問題は、遥か昔から数学者を惹きつけていた。数学者にとって、素数は数論の問題の巨大な鉱脈であり、興味の尽きない研究対象なのである。素数がどのくらいあるかという問題について正しく定量的に予想されたのは、18世紀末になってからだ。予想したのはルジャンドル（**図58**）とガウス（**図59**）である。この予想は1896年にド・ラ・ヴァレー・プーサンとジャック・アダマール（**図60**）によって独立に証明され、素数定理と呼ばれるようになった。

図58 アドリアン＝マリ・ルジャンドル

図59 カール・フリードリヒ・ガウス

第3章 公開鍵暗号 —— RSA暗号

図60　ド・ラ・ヴァレー・プーサン(左)とアダマール(右)

数学では、x 以下の素数の数を $\pi(x)$ と書く習慣がある。π はここでは円周率の意味ではなく、素数を表す prime の頭文字 p にあたるギリシャ文字であることからきている。3000 以下の x に対して $\pi(x)$ のグラフを描くと、**図61** のようになる。

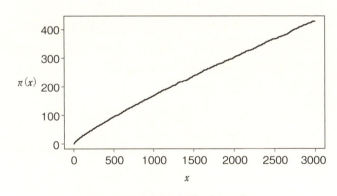

図61　x 以下の素数の個数 $\pi(x)$ のグラフ

直線的に増えているようであり、そうでないようでもあるが、x をさらに大きくすると、

109

$$\pi(x) \sim \frac{x}{\log x}$$

となることが知られている。これを素数定理という。ここで「〜」は x が大きいとき、その比が 1 に近いという意味だ。あくまで比であり、差が小さくなるわけではない。試しに x を 100 万とすると、100 万以下の素数の個数は、78498 個だから、

$$\pi(1000000) = 78498$$

である。一方、右辺の $\frac{x}{\log x}$ は、72382.41 であり、その比は、1.08449 だ。$x=1$ 億とすると、1 億以下の素数の個数は 5761455 個であり、$\frac{x}{\log x}$ は 5428681.023…となるから、その比は 1.061299…となる。この比はじわじわと 1 に漸近する、というのが素数定理の主張だ。

n ビットの整数の中にどれくらい素数が含まれているかを見積もる公式の形で素数定理を書くと、次のようにシンプルな公式になる。n ビットの素数（2^n 未満の素数）の割合は、およそ

$$\frac{1.4427}{n}$$

程度である。素数のビット数（の上限）n を大きくすると、n に反比例して素数にヒットする確率は下がる。素数は大きくなるごとに徐々に疎になってくるということである。上記の見積もりは簡単な形をしているが、意外にもかなり正確だ。実際の素数の個数の割合は、当然この値そのもの

ではないが、その違いは微々たるものであるらしい。

素数定理を使って、1024ビットの素数の割合を見積もってみよう。$n=1024$を代入すれば、

$$\frac{1.4427}{1024} = 0.001408886\cdots$$

となる。つまり、素数は0.14%くらいしかない。偶数の素数は2しかないので、奇数に限ってもおよそこの2倍で、0.28%にすぎない。素数はたくさんあるものの、このくらい大きな数になるとそれなりに貴重なものだ。しかし、ブルートフォースで素数の同定ができるほど少なくはない。割合としては小さいが、個数だけでいえばその$2^{1024} \doteqdot 10^{308}$倍もあるからだ。素数定理の精密化、誤差の評価はリーマン予想と呼ばれる難問と関係する数学的に極めて深い巨大なテーマだが、実用上必要なレベルの見積もりには、素数定理を使うだけで十分である[†29]。

● **素数をどうやって見つけるか**

300桁を超えるような巨大な素数を探すのは難しそうだが、暗号学の世界では素数を見つける実用的な技術が確立されている[†30]。業界用語で素数生成というが、素数を作るわけではない。乱数を発生させて、それを素数判定テストにかけ、素数と判定されたものを利用するのだ。

どうやって素数を判定するかというと、ミラー・ラビンテストと呼ばれるアルゴリズムにかけるのが一般的だ。ミラー・ラビンテストでは、素数でない（合成数である）

もかかわらず、テストを通過してしまう（誤判定する）確率を評価することができる。ミラー・ラビンテストに合格したら、それを素数として扱っても実用上は問題ない。絶対ではないが、経験的にはこれで困ることはまずないと言っていい。このような素数判定テストを、確率的素数判定テストという。

ミラー・ラビンテストは、最初、ミラー（図62）が拡張リーマン予想という未証明の予想に基づいて「決定的な」、つまり確率的ではないアルゴリズムを発表した。暗号学では拡張リーマン予想を仮定した定理もどき（証明されていないので定理ではない）がちょくちょく登場するが、これもそのひとつだ。これを拡張リーマン予想抜きの確率的なアルゴリズムに修正したのがラビン（図63）である。

図62
ゲイリー・ミラー

図63
マイケル・ラビン

2048ビットのRSA暗号では2つの1024ビットの素数（10進数で309桁にもなる）が必要となるが、意外と簡単に見つけることができる。手元のPCで1024ビットの素数を探してみよう。1024ビットの範囲を10000個ランダムに探した結果、数分（2.3GHz、メモリ4GのPCで実行。Python3を用いた場合）で、13個の素数（正確には

素数と思われるもの)を発見した。偶然ではあるが、この個数は、素数定理が予言している 0.14%×10000 = 14 個に近い。

例えば、そのうちのひとつは、

12446953198251328815988828970898197926780054491155636766778073133147319764131532646555887150317493869113150082208386526306734750196167289303710647311180832118986838255831255961264510023561425018967150974458574772566696733718844780614826705451145249352257725689301593781382135059888727777964113238037832126199721261997

であった。見ての通り巨大な数である。これはミラー・ラビンテストを 50 回試して、合成数とは判定されなかったものである。ミラー・ラビンテスト 1 回で素数でない数を素数と誤って判断する確率は $\frac{1}{4}$ 以下であることが知られている[†31]ので、50 回のテストを通過したこの数が素数でない確率は、$\frac{1}{4}$ の 50 乗となり、

$$\frac{1}{4^{50}} = \frac{1}{1267650600228229401496703205376}$$

以下である。この確率は、31 桁の数の逆数であり、実用上は、ほぼ 0 とみなせる。

確率的ではなく、100% 素数であることがわかる(確定的)多項式時間の素数判定法として、インド工科大学

(IIT) のアグラワル、カヤル、サクセナによる AKS アルゴリズムがある。「多項式時間」というのは計算量理論（計算複雑性理論）の用語で、入力データの入力サイズ（一般に入力データのビット数）n に対して計算の手間（ほぼ計算時間に比例する）が、n の多項式のように増えるという意味である。例えば、n ビット（10 進法の桁で考えても本質的に同じ）の 2 つの数の掛け算の筆算をする場合、計算の手間は n の 2 乗に比例して増える。これを「掛け算アルゴリズムの計算量は 2 乗（n^2）オーダーである」というように表現する。n が大きいときの計算の手間の増え方を表していると思えばいい。一方、計算量が n の指数関数、例えば、2^n に比例する場合は指数時間のアルゴリズムと呼ばれる。n が小さいところでは多項式時間のアルゴリズムの方が遅いこともあるが、n が大きくなると指数時間アルゴリズムは多項式時間アルゴリズムよりもどんどん遅くなる。この意味で多項式時間と指数時間のアルゴリズムは根本的な違いがあるといえる。多項式時間アルゴリズムは、n が大きくなると、どんな指数時間アルゴリズムにも勝てる（計算時間が短い）ようになるからだ。計算量については第 4 章の最後でもう一度触れる。

　ミラーテストは、確定的だが拡張リーマン予想という未解決の難問の正しさを仮定しているし、ミラー・ラビンテストは拡張リーマン予想を仮定する必要はないが確率的な判定しかできない。AKS 素数判定アルゴリズムは、拡張リーマン予想を必要とせず、しかも確率的ではない。したがって、AKS 素数判定アルゴリズムで素数と判定された

数は、疑いの余地なく素数である。しかも、AKS素数判定アルゴリズムは、決定的多項式時間で素数判定を行うことができる。これは「計算機科学的には」高速であることを意味する。ただし、AKSアルゴリズムは完璧な素数判定ができる代わりにミラー・ラビンテストと比べてずっと遅いため、実際の応用では、ミラー・ラビンテストが使われている。

なお、AKSアルゴリズムの論文のプレプリント（正式に発表される前に公開されたバージョン）は、リファレンスも含めてわずか9ページの論文であった。私もこの論文を読んだが、驚くべき結果であるにもかかわらず、証明が極めて初等的で理解しやすい。証明のキモはフェルマーの小定理という初等的な数論の結果を多項式バージョンにするというシンプルなものだ。正式な論文は数学の最高峰の論文誌 Annals of Mathematics に掲載された[†32]。こちらは13ページに増えているが、それでも結果の凄さに比してずいぶん短い。短くさり気ない論文の中に偉大な仕事がある。数学や理論計算機科学の特徴かもしれない。

● ハイブリッド暗号方式

RSA暗号は巧妙な仕組みだが、大きな整数のべき乗と剰余計算が必要となるため、処理には時間がかかる。電子メールやサイズの大きなファイルを暗号化するには大変な時間がかかり、実用的ではない。

一方、共通鍵暗号はストリーム暗号でもブロック暗号でも、RSA暗号と比べれば圧倒的に高速だ。

そこで、共通鍵暗号、例えばAESの秘密鍵KをRSA暗号で暗号化して通信したい相手に送り、両者でKを共有して、以後の通信はAESを用いて行えばいいという考えがうまれる。RSA暗号の時間のかかる処理は最初だけで、後はAESで高速暗号化通信するわけだ。これなら無駄に時間を費やすこともない。このような暗号方式はハイブリッド暗号方式（ハイブリッド＝複数の方式をかけあわせる）と呼ばれている。

ハイブリッド暗号方式の原理は（細かい問題を除けば）ごくシンプルである（**図64**）。

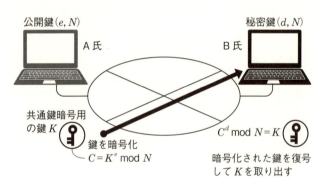

図64　RSA暗号を用いた鍵配送

A氏は、共有したい鍵Kを通信したい相手B氏のRSA公開鍵(e, N)で暗号化し、

$$C = K^e \bmod N$$

を通信したい相手に送り、B氏は、これを自身の秘密鍵(d, N)で

第3章 公開鍵暗号 —— RSA暗号

$$K = C^d \bmod N$$

として復号する。後は、この K を用いて AES などの共通鍵暗号を利用し、通信路を暗号化すればいいのだ[33]。

● 郵便チェスの応用 —— 中間者攻撃

まだインターネットが発達していなかった時代の話だが、郵便でやり取りしながらチェスをする、郵便チェスというゲームがあった。この郵便チェスでグランド・マスター（チェスのチャンピオン）を負かすのは簡単だ、と言った者がいる。数学者、ジョン・ホートン・コンウェイ[34]（図65）だ。

図65 ジョン・ホートン・コンウェイ

確かに、コンウェイは優れた数学者で抜群の頭脳の持ち主だが、チェスのグランド・マスターを負かせるほどチェスがうまいというわけではない。どうも自分の頭で勝負するのではないらしい。コンウェイのアイデアとは、一体どんなものなのか。

それは、「二人のグランド・マスターの間に入り、互いの指し手を中継する」ことだという（図66）。つまり、どちらのグランド・マスターもコンウェイと対局していると思っている。勝負がついたとき*、コンウェイはいずれ

---

*勝負がつかない可能性もあるが。

図66　グランド・マスターを負かす方法

かのグランド・マスターを負かしたことになる、というのだ。

このように通信を中継する攻撃を、中間者攻撃（パーソン・イン・ザ・ミドルアタック）という。マン・イン・ザ・ミドルアタックとも呼ばれる。RSAを用いて共通鍵暗号の鍵を共有する（これを鍵交換という）場合を考えてみよう。

中間者攻撃には様々な方法が存在するが、このケースでは、次のようにして中間者攻撃ができる。

インターネットの場合、中継できるようになるためには、例えば、DNSスプーフィング*などのテクニックを使わなければならない。この点で、ネットワークセキュリティ技術に関する知識が必要になる。セキュリティ技術は

相互に深く関連しているのだ。

中間者攻撃のやり方は、原理的にはとても簡単である。アタッカーM（中間だからMiddleのM）はA氏にはB氏だと思われており、B氏にはA氏だと思われている。このような状況を作り出せれば、後は共有した鍵を使ってA氏とB氏の通信を郵便チェスのように中継すればいい。通信内容はアタッカーに筒抜けだ。

RSA暗号を用いて鍵交換する場合の最大の問題は、鍵交換する相手をどのようにして信頼できる相手だと認識するのかがわからない点である。ようするに、公開鍵暗号を用いた鍵交換はそれだけでは「認証」ができないのだ。

● 電子署名とその証明

電子的な認証をどうやって実現すればいいだろうか。RSA暗号において、それはじつはとても簡単である。RSA暗号の暗号化処理をひっくり返せば、電子署名になるからだ。RSA暗号とハッシュ関数を組み合わせるだけのシンプルな構成だ。

RSA暗号を使った電子署名とはどんなものか。**図67**のように、A氏はB氏に電子メールで文書Mを送り、そ

＊DNSとはドメインネームシステムの略である。インターネット上では、コンピュータはIPアドレスという数字の列で管理されている。IPアドレスは数字の羅列なので、人間にわかるような名称（ドメインネーム）に置き換えて使われる。ドメインネームをIPアドレスに変換してどこに接続すればいいかを教えてくれるのがDNSである。DNSを偽装することをDNSスプーフィングという。

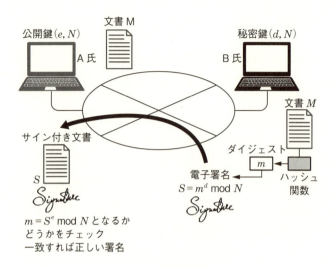

図67　電子署名

こにサインをして戻してもらいたいとしよう。例えば、A氏が平社員でB氏が直属の課長、部長だとすれば、B氏のサインが必要になることが多いだろう。

B氏は文書Mを受け取り、内容が妥当だと判断すれば、サインをつけて文書Mを送り返す。だが、B氏本人がサインしたということが証明できなければ、当然サインの意味はない。別人がB氏になりすます可能性があるからだ。

そこで、B氏はMをハッシュ関数にかけてハッシュ値mを作成し、mをB氏だけが知っている秘密指数dによって

$$S = m^d \bmod N$$

を計算し、S を電子メールで A 氏に返信する。

　A 氏はサイン付きの文書を受け取り、文書 M をハッシュしてハッシュ値 m を作る。受け取ったサイン S に対し、B 氏の公開鍵 e と N を用いて

$$v = S^e \bmod N$$

を計算する。v は、もし d が e に対応する秘密鍵であればハッシュ値 m になるはずだ。d が e に対応した正しい秘密指数でなければ、v は m と全く異なる値になる。B 氏の秘密鍵でなければ、正しいサインを作ることはできない。つまり、v が m になるかならないかで、サインが本物かどうかをチェックできる。これが電子署名の基本原理だ。

　電子署名には重要な前提条件がある。A 氏は、公開鍵 (e, N) が B 氏の公開鍵であると知っていることになっている。A 氏が B 氏を知っており、普段から B 氏の公開鍵を利用しているとすれば問題はない。しかし、インターネットごしに見ず知らずの相手（それは人間ではなくコンピュータかもしれない）を信頼することはできないだろう。

　そこで必要になるのが、公開鍵の正当性の証明だ。公開鍵の正当性は、信頼できる第三者機関によってなされる。そこで、公開鍵とその所有者を同定する情報を結びつけるのが、公開鍵証明書だ。

　公開鍵証明書は一般に、バージョン、シリアル番号、署

名アルゴリズム、署名ハッシュアルゴリズム、発行者、有効期間、証明書の電子署名などを含んでいる（Googleの例を図68に示す）。これらは、X.509という規格に従っている。

図68　証明書情報

公開鍵証明書を発行する主体は、一般に認証局（CA）と呼ばれる。実社会の公証人のように公的な存在ではないが、高い信頼性を持っている。

認証局は公開鍵証明書を認証するだけでなく、失効させることもその重要な業務である。実際どんなふうに認証するのか、おおまかに見ておこう。話を簡単にするため、メール暗号化に使われるクライアント証明書の場合で説明する。

第3章 公開鍵暗号――RSA暗号

　ある企業が認証局に対して、クライアント証明書の発行を依頼する（**図69**）。認証局はその企業の登記事項証明書や印鑑登録証明書などによってアナログ的に審査を行い、条件を満たせば公開鍵の証明書を発行する。

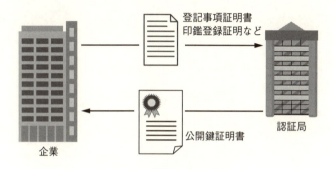

図69　公開鍵証明書の発行

　認証局は１ヵ所だけではなく、階層構造になっている。上位の認証局が、下位の認証局を認証する仕組みだ。最上位にルート認証局がある。ルート認証局の情報はあらかじめブラウザにあり、信頼できる認証局とみなされている。証明のパス情報は、例えば、**図70**のようになる。これもGoogleのサイトの情報だ。段階的に認証されていることがわかる。

　認証局は大きなビジネスになっている。よく使われている認証局サービスプロバイダとして、ジオトラスト、グローバルサイン、ベリサインなどがある。

　我々が通常、公開鍵証明書を意識することがないのは、ウェブブラウザやアプリケーションが自動的に処理してい

図70　証明のパス

るからなのだ。

　韓国Samsung製のある冷蔵庫（RF28HMELBSR）の話をしよう。前面のパネルにはGoogleカレンダーの情報が表示できる、スマート冷蔵庫だ。SSL（暗号化通信のための仕組み。後述する）を使って通信しているので、安全性が高いと思われていた。

　2015年8月、ハッキングカンファレンスのDefCon 23で、イギリスのPen Test Partners社は、この冷蔵庫に中間者攻撃が可能だと指摘した。そう、証明書のチェックに不備があったのだ。Googleのサーバからのデータ通信の際にも、中間者攻撃が可能であるという。Wi-Fiで通信しているので、例えば隣の部屋から冷蔵庫に中間者攻撃を仕

掛け、Googleへのログイン情報を盗むことができるからだ。

このように、公開鍵証明書のチェックに不備があると、中間者攻撃が可能になる場合がある。

● 危険な N のサイズ

RSA暗号、RSA電子署名の安全性に影響を与える最も大きな要素は、公開モジュラス N の大きさだ。言い換えれば、その素因数 p, q の大きさをどの程度に取るか、ということである。N の素因数分解ができれば、秘密鍵を計算するのは一瞬だからだ。そうならないためには、素因数分解が十分に難しくなければならない。

しかし、素因数分解のアルゴリズムと計算機の性能が年々向上しているため、安全な N の大きさも時代とともに変わっていく。RSA因数分解チャレンジ[†35]の結果を中心に、ナンバーサイズ（ビット長）と解読タイミングを見てみよう（**表2**）。

解読の順番が前後しているものもあるが、ビット長が伸びると、解読にかかる時間も長くなる傾向にある。表2に記載されているビット長の公開モジュラスは危険であり、使うべきではない。2017年8月現在ではRSA-1024（1024ビット）は解読されていないが、既にRSA-768（768ビット）が解読されている現状を考えると、新規の暗号システムに1024ビットのRSA暗号を導入することはお勧めできない。

RSA-768は、2009年12月12日にスイス連邦工科大

表2 ナンバーサイズと解読タイミング

ナンバー名	ビット長	解読
RSA-100	330	1991年 4月
RSA-110	364	1992年 4月
RSA-120	397	1993年 7月
RSA-129	426	1994年 4月
RSA-130	430	1996年 4月
RSA-140	463	1999年 2月
RSA-150	496	2004年 4月
RSA-155	512	1999年 8月
RSA-160	530	2003年 4月
RSA-170	563	2009年12月
RSA-180	596	2010年 5月
RSA-190	629	2010年11月
RSA-640	640	2005年11月
RSA-200	663	2005年 5月
RSA-210	696	2013年 9月
RSA-704	704	2012年 7月
RSA-768	768	2009年12月

学ローザンヌ校、NTT（日本）、ボン大学（ドイツ）、INRIA（フランス）、マイクロソフトリサーチ（アメリカ）、CWI（オランダ）のグループが素因数分解に成功した。彼らの論文[36]によれば、前処理にあたる多項式選択に80個のプロセッサを使って半年かかったらしい。また、メインの処理に限っても、数百台のPCを使って約2年を要したと書かれている。素因数分解のプロが本気になれば、この程度のことができてしまうということだ。

　解読されたモジュラス長の伸びを見ると、鍵の長さを2倍に伸ばしても、稼げる時間はせいぜい20年程度にすぎない。1024ビットは768ビットと比較すると1.33倍でしかないから、1024ビットの素因数分解ができるようにな

るのに、2017年現在からそう長くはかからないと思われる（もしかすると既に可能かもしれない）。しばらく使う気なら2048ビット以上が望ましいだろう。

アルゴリズムも計算機も進歩するので、時代とともに安全性は低下していく。暗号の世界に永遠などありはしない。

● フランスの地下鉄を欺く

1999年、セルジュ・ハンピッシュという35歳（当時）の技術者がフランスの地下鉄（メトロ）で逮捕された。偽造したICカードで乗車券を購入したからだ。

フランスはICカード先進国で、早期からICカードが普及していた。1998年、ハンピッシュ氏は10枚の偽ICカードを作り、パリのメトロの乗車券を不正に購入した。金額にして7000円程度の乗車券ではあったが、メトロに設置してあった自動券売機は、不正な買い物全てに対して領収書まで発行してしまった。ハンピッシュ氏は、まんまと券売機をだますことに成功したのである。

もちろん、話はここで終わらない。じつは、ハンピッシュ氏はシステムの抜け道を探し出すのに、4年もの歳月を費やしていた。彼はシステムのセキュリティの改善方法を示すことで、仕事を得ようと目論んでいたのである。そこで、彼はICカードの偽造に成功したことをカード発行元に連絡した。

ところが、話はそう甘くない。カード発行元はそんなことができるわけがないとして、逆にハンピッシュ氏を訴え

たのだ。憤慨した彼は、メトロでのデモンストレーションを行うに至る。こうして、ICカード発行元は、ハンピッシュ氏が苦労して見出した情報をまんまとタダで手に入れたのである。

じつは、ハンピッシュ氏は画期的な暗号解読技術を使ったわけではない。メトロではたった321ビット[†37]にすぎないRSA公開鍵（公開モジュラスの長さが321ビット）を使っていたため、これを強引に因数分解することで不正なRSA電子署名が可能になっただけである。

1980年頃に仕様が決められてからこの事件が起きるまで、321ビットのRSA公開鍵が使われていた。現在ではもちろん、事件が起きた当時の基準からみても短すぎる。1991年の時点で321ビットよりも長い330ビット（10進数で100桁なので、RSA-100と呼ばれた）が素因数分解されていたからだ。

時代とともに安全性は失われていく。ICカードを含め、セキュリティシステムにはライフサイクルがあり、新しいシステムへの切り替えスキームも事前にある程度決めておく必要があるだろう。

● SSL

電子署名の応用として、インターネットショッピングなどで日常的に使われているTLS（トランスポート・レイヤー・セキュリティ）がある。TLSはSSL（セキュア・ソケット・レイヤー）の進化系なので、TLSと言わずにSSLと呼ばれることも多い。本質は変わらないので、以

下、通りのいいSSLという言葉を使うことにしよう。

SSLは、インターネットショップなどウェブサイトにおけるクライアント・サーバシステムのインフラである。これなしに、安心してインターネットショッピングを楽しむことはできない。

SSLのセキュリティ上、核心となっているのがハンドシェイクプロトコルだ。ハンドシェイク、つまり握手ということで、インターネットショッピングサイトとユーザのPCが安全に通信できるかをチェックし、通信路を暗号化するプロトコルである。

日本のインターネットショッピングモール大手の楽天市場のサイトのURL*（インターネットのアドレス）を見てみよう。

$$\text{http://www.rakuten.co.jp/}$$

となっており、通常の接続で情報は守られていない。しかし、ログイン画面や、買い物かごなどのプライベートな情報は、httpsで始まるURLだ。例えば、買い物かごは、

$$\text{https://basket.step.rakuten.co.jp/....}$$

のようなURLになっている。

httpとは、hypertext transfer protocolの略で、それに続くsは、SSL通信を意味する。

SSLで通信すると、何がどう安全なのか説明しよう。

＊URLとはUniform Resource Locatorの略。

ただし、通信技術に関する細かい注意は煩わしいので省略する。

インターネットショッピングを行う場合を考える（**図71**）。ユーザ側がクライアントで、インターネットショッピングモール側はサーバである。ハンドシェイクプロトコルは、クライアントがサーバに声をかけるところから始まる。クライアントハロー（ClientHello）という。

クライアントハローは、自身が利用可能な暗号方式（クライアントハロー・サイファースイート）、それと後にセッション用の鍵を作る材料になる乱数（Client Random）

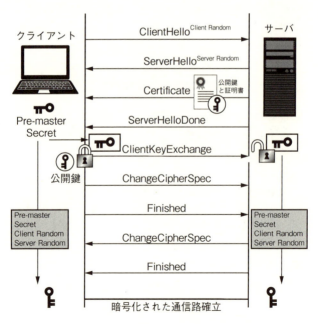

図71　ハンドシェイクプロトコル

などが格納されたメッセージだ。既存のセッションが一度中断されて再開された場合、セッションIDも一緒に送信される（新規のセッションでは空白）。

SSL通信では暗号方式が固定されているわけではない。クライアントとサーバで利用可能な暗号方式が異なる場合がある。そこで、最初にクライアント側が利用可能な暗号方式をサーバに通知しておかなければならない。

クライアントハローを受け取ったサーバは、自分の持っている暗号方式とクライアントハローに含まれる暗号方式のうち、最も強力なもの（サーバハロー・サイファースイート）を送信する。これがサーバハロー（ServerHello）だ。サーバハローの後に（オプションだが）サーバの身元を保証する証明書類とサーバの公開鍵、セッション用の鍵を作る材料になる乱数サーバランダム（Server Random）などを送る。

次に、サーバが自身の公開鍵と公開鍵証明書をクライアントに送る。これがサーティフィケート（Certificate）だ。サーティフィケートの後には、サーバから送る情報は以上で終わり、という意味の信号サーバハローダン（ServerHelloDone）を送る。

サーバハローダンを受け取ったクライアントは、鍵交換にRSA暗号を使う場合、プレマスタシークレット（Pre-master secret）と呼ばれる秘密鍵（乱数）の素となる乱数をサーバの公開鍵で暗号化してサーバに送る。プレマスタシークレットはセッション鍵そのものではなく、その素材となるものだ。SSLでは、共有する鍵そのものを送ること

はなく、その素になる乱数だけをやりとりする。これがクライアントキーエクスチェンジ（ClientKeyExchange）である。チェンジサイファースペック（ChangeCipherSpec）というプロトコルでは、やりとりに使う暗号方式を決める。

この先は、最初にやりとりした2つの乱数クライアントランダム、サーバランダムとプレマスタシークレットから、セッションでも用いる鍵が生成される。

SSLにおける安全性の基点は、サーバの公開鍵でプレマスタシークレットを共有する部分だ。このやりとりが安全でなければ、その後の秘密通信路でいくら強力な暗号方式を用いたとしても無意味である。したがって、公開鍵暗号の安全性の確保は最重要問題だ。その際、サーバの公開鍵証明書が信用できることが前提となる。

私は、ブラウザ*は主にGoogle Chromeを使っている。2015年の秋口、いつも使っているサイトをクリックすると、

　　「SSLサーバーが古い可能性があります。」

というメッセージが表示され、接続できなくなっていた。詳細を表示すると、次のように書かれている。

　「サーバーに安全に接続できません。このウェブサイトは以前は利用できていた可能性がありますが、サ

---

*インターネットサイトの閲覧ソフト。Google Chromeの他、マイクロソフトのInternet Explorer, MozillaのFirefox, アップルのSafariなどがある。

ーバーに問題があります。こうしたサイトに接続すると、すべてのユーザーにセキュリティ上の問題が生じるため、接続は無効になりました。」

　何が起きたのか。これは、このサイトの証明書で用いられているハッシュ関数がSHA1であることによる。2015年の段階で、SHA1には多くの脆弱性が報告されていたから、本来は安全性の高いSHA2（SHA256等）を用いた証明書でなければならない。現にGoogleは、SHA2への移行を段階的に行っていた。Googleのブラウザ「Chrome」を使ったSHA1を用いた証明書を使用しているサイトへのSSL通信は2014年10月末までで、それ以降は段階的に警告が表示された（対応時期はブラウザによって微妙に異なる）。

　ここまで読んできた読者には自明なことだと思うが、SHA1の脆弱性がいろいろと報告されてはいても、SHA1を使っていることでただちにセキュリティ上の問題が起きるというわけではない。しかし、移行には数年単位の時間がかかるので、手遅れになる前にアナウンスし、移行を進めておく必要がある。さもないと、SHA1に致命的な脆弱性が発見されたときに対応が追いつかないからだ[†38]。

　ストリーム暗号RC4が打ち破られたときもそうだった。いきなり打ち破られたわけではなく、少しずつ穴が見つかり、その穴を手がかりにじわじわと暗号解読技術が高度化し、最後にはリアルタイムで破る技術にたどり着いた。まだ大丈夫だと思ってギリギリまで使うのは危険なのだ。

SHA1に限らず、今後もSSL通信で使われている暗号の脆弱性が見つかると、段階的に強力な暗号に切り替えられていくことになるだろう。

● マイナンバーの何がどう安全なのか

　今や、SSLはインターネットのインフラ技術といってもいい。こうなると、日本の政府機関における暗号インフラ、マイナンバーも紹介しないわけにはいかないだろう。制度の政治的意図はともかく、本書ではその暗号技術に絞って説明したい。

　2015年10月から、行政機関が国民一人一人に固有の12桁の番号を割り振り（法人は13桁）、社会保障や税に関する共通番号として個人を識別する仕組みが日本で実施された。マイナンバー制度である。

　年金記録を調べる場合、雇用保険、医療保険やその他の福祉、確定申告などの税金の手続きでは、行政へ提出する書類にマイナンバー記載の義務が生じる。

　また、民間企業の源泉徴収や社会保険を扱う部署でも、マイナンバーを扱うことになった。そうした業務を行う者には重い責任が伴う。預かったマイナンバーを漏らすと、「4年以下の懲役若しくは200万円以下の罰金」が科せられるのだ（いわゆるマイナンバー法第9章第48条）。

　加えて、マイナンバーは情報漏洩の可能性があるなどの場合を除いて、変更することはできない。したがって、マイナンバーを他人にやたらと教えるべきではない。マイナンバー法で定められた場合を除き、他人にマイナンバーの

提供を求めることも許されていない。

2016年から、国民なら希望すれば誰にでもマイナンバーカードが交付されている。その中身は、あなたの秘密鍵が格納された暗号装置だ。

マイナンバーカードはICカードである。ICカードは小型のコンピュータだ。見た目は違うが、Suicaをはじめとする電子マネーカードや携帯電話のSIMカードも本体はICカードコンピュータであり、その中核となる役割は暗号処理である。

単純化して言うと、マイナンバーカードは電子署名装置だ。だから、カードさえあれば電子署名ができるのでなりすましができ、あなたの個人情報を自由に取り出せる可能性がある[†39]。カード自体に個人情報は含まれていないが、カードを他人に渡してはならない。

券面には、12桁のマイナンバーと氏名、住所、生年月日、性別（この4つを基本4情報という）が書かれている。ICカード内部には、個人に対応したRSA秘密鍵が格納されている。

マイナンバーカードの認証は2048ビットのRSA電子署名を使ったチャレンジレスポンス認証であり[†40]、**図72**のように行われる。

利用者は、ICカードリーダにマイナンバーカードをセットする。すると、地方公共団体情報システム機構の利用者証明用電子証明書サーバに、認証のリクエストがなされる[*]。サーバは乱数R（チャレンジ）をネットワーク経由でマイナンバーカードに送信。マイナンバーカードは内部

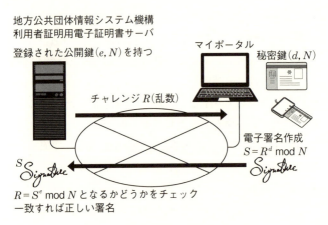

図72 マイナンバーカードによる認証

の秘密鍵 (d, N)（カードごとに異なる）を使って電子署名を作成し、サーバに送り返す。サーバはこの電子署名に対応する公開鍵 (e, N) を公開鍵簿から探してこれを復号し、チャレンジ R に戻っているかどうかを確認する。R に戻っていれば秘密鍵 (d, N) は登録された正当性を持つ公開鍵と対応していることになり、その正当性が認証される。なお、サーバの認証や通信路の暗号化は別途 SSL を用いて行われる（煩雑さを避けるため、ここでは SSL のやり取りは省略した）。

この方式は、IC 乗車券などで用いられている共通鍵暗号によるチャレンジレスポンス認証よりも安全性が高い。サーバ側には秘密鍵がないからだ[41]。サーバが攻撃さ

＊正確には e-Tax の確定申告等では別の署名用秘密鍵が用いられるが、ここでは利用者証明に話を限った。

第3章　公開鍵暗号──RSA暗号

れ、公開鍵の情報が流出したとしても、利用者の秘密鍵を知ることはできない。

しかし、マイナンバーカード自体を盗み出し、パスワードを推定できれば、なりすましはできてしまう。もしカードがないことに気付いたら、利用停止手続きを行うことで被害を最小限に食い止められるはずである。

ちなみに、ICカードの偽造は容易ではない。ICカードのセキュリティは完璧ではない（後に第5章で述べる）が、実際に破るにはかなりの経験を積んだ解読技術者と、少なくとも数百万円程度の解析コストが必要だからだ。

一方、ICチップが搭載されていない磁気ストライプカードの場合はどうか。店舗などにあるカード読み取り装置で、カード内の全ての情報を読まれてしまう。また、磁気ストライプカードの偽造（複製）は容易なので、複製して戻してしまえば、情報を盗まれたことになかなか気づくことができない。ICカードの安全性は、磁気ストライプカードの比ではない。

マイナンバーの最大の問題は、ICカードではなく、個人情報を大量に蓄積しているサーバの管理だ[†42]。2015年、日本年金機構から125万件の個人情報が流出して騒ぎになった。いくらマイナンバーカードのセキュリティが強固でも、情報を保持しているサーバの管理が不十分ではどうにもならない。

そこで流出事件の原因を職員の怠慢などに帰するのは簡単だが、できる限りのことをしたとしてもこの種の問題は起きる可能性がある。教育すればそれですむというもので

はなく、根性論でも解決しない。暗号を含め、情報セキュリティは極めて高度で専門的な内容を含むため、一般の職員がにわか勉強で管理するのは無理があると思う。信頼できる外部コンサルタントを活用するのはもちろん、役所の内部にも暗号技術、ソフトウェア、ネットワークに精通した技術者が必要だ。コンサルタントの助言を理解するためだけにでも必要になる。安全にはコストがかかる。情報を集め、利便性を高めるということは、それだけ多くのセキュリティコストを支払うことをも意味するはずだ。

● 公開鍵が使いまわされている？

　SSLを攻撃目標にしたとき、どこに付け入る隙があるだろうか。ひとつは、セッションの暗号化通信で弱い共通鍵暗号を使っている場合だ。RC4のように既に解かれた暗号で通信していたとすれば、そこが狙える。

　しかし、より効果的なのは、SSLの公開鍵証明書を偽造することだ。SSLの解説で述べたように、ここを破ればプレマスタシークレットを盗める可能性がある。セッションの通信路の暗号化を行う秘密鍵は、プレマスタシークレットから作られるので、これが盗めれば、そこから先でどれほど強力な暗号を使っても無駄だ。通信はアタッカーに筒抜けである。

　カリフォルニア大学サンディエゴ校（当時。現在はペンシルバニア大学）のナディア・ヘニンガー（**図73**）とミシガン大学のダキール・デュルメリク、エリック・ヴストロウ、アレックス・ハルダーマンは、2012年のUSENIX

セキュリティシンポジウムで驚くべき調査結果を公表した[†43]。

彼女らいわく、SSL/TLSホストの0.50%、SSHホストの0.03%の公開鍵に同じ秘密鍵の共有（RSA暗号の秘密素数が同じ）が発覚した。ここでSSHとはセキュアシェルと呼ばれるプロトコルで、リモートでPCと通信するための暗号技術

図73　論文の筆頭著者ナディア・ヘニンガー

である。さらに、DSAと呼ばれる署名方式（本書では説明していないが、次章で説明する楕円曲線署名と類似の電子署名技術）についても、1.03%のSSHホストにおいて安全のために必要なだけの乱数性（0と1の偏りがなく、各々のビットが独立とみなせ、十分多くの値をとり、かつ予測困難である、という性質）を持たない疑似乱数を用いている署名が得られたという。

今述べたパーセンテージは、公開鍵の証明書を収集して調べた結果である。もし、署名に問題があれば、ハンドシェイクプロトコルの安全性の大前提が崩れてしまう。

なぜこんなことが起きるのか。彼女らの調査によると、SSL/TLSの場合、その要因は大きく分けて2つある。まず少なくとも5.23%は、出荷時のキーを利用し続けてしまっていた。また0.34%は、機能不全の乱数生成器によって、1つまたは2つ以上の他のホストと、同一の鍵を生成していたのだった。

前者の出荷時のキーを利用していたというのは管理ミス

だが、いかにもありそうなことだ。後者は、ランダムに選んだつもりの素数ペアが偶然重なっているということである。素数が共有されているのは大問題だ。

今、$N_1 = p_1 q_1, N_2 = p_1 q_2$ となっているとしよう。素数 p_1 が共有されている。もちろん、N_1, N_2 が十分大きければ、各々を素因数分解することは困難だ。しかし、N_1, N_2 の最大公約数を計算するユークリッドの互除法*という極めて高速なアルゴリズムが既にあるのだった（紀元前から！）。

実際の数値で言うと、こういうことである。例えば、

$$N_1 = 7527511, N_2 = 8079733$$

という2つの公開モジュラスがあったとする。両者を因数分解しなくても、最大公約数を計算することは、ユークリッド互除法を使えば簡単にできてしまう。$N_1 = 7527511, N_2 = 8079733$ の最大公約数2789があっという間に計算できる。ここから N_1 と N_2 を因数分解するのは容易であ

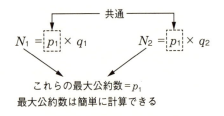

図74 アタックの原理

---

*現在は高校1年生（数学A）で習う内容である。

る。

そこで、公開鍵の証明書をたくさん収集し、そのリストにある公開鍵を2つずつピックアップして、ユークリッドの互除法で最大公約数を計算する。そうすれば、共通の素数を約数に持つ公開鍵のペアが見つかるというのである。

これはシステム設計者が、計算機が出力する擬似乱数がどんなものなのかを十分理解していないことから生ずる。何も考えずに乱数を生成しようとすると、C言語などに標準で用意されている疑似乱数生成関数をそのまま使ってしまいがちである。しかし、このような乱数生成関数は十分多くの種類の乱数を作り出すことができないため、大きな桁の乱数を生成しようとすると作れる乱数のバリエーションが不足してしまい、結果的に素数が重なるという致命的な現象が起きる。もちろん暗号には使えない。

暗号システムの安全性は、その前提となる乱数の管理に手落ちがあれば十分ではない。仮にその乱数が数学的には厳密に安全であると証明されていたとしても。

● 復元可能なメッセージ

RSA暗号の鍵の扱いを間違えると、メッセージが復元できてしまう場合がある。

ひとつは共通な公開モジュラスであり、もうひとつは次節で説明する（小さな）公開指数である。

公開モジュラスが共通で、公開指数が異なる2つの公開鍵 $(e_1, N), (e_2, N)$ を考える。話を簡単にするため、

一例として、$e_1=3, e_2=5, N=827×653=540031$ とする。つまり、$(3, 540031)$, $(5, 540031)$ という2つの公開鍵を考える。実際に使うには小さすぎるが、解説のために小さな数字を選んだ。ここで、上の公開鍵を使って、メッセージ $M=439014$ を暗号化してみよう。

439014を3乗して540031で割った余りは、311662である。数式で書けば、$439014^3 \bmod 540031 = 311662 = C_1$ となる。これが公開鍵 $(3, 540031)$ による暗号文である。

今度は439014を5乗して、同じく540031で割った余りを計算すると、$6303 = C_2$ となる。こちらが公開鍵 $(5, 540031)$ による暗号文だ。これらの暗号文311662、6303をうまく組み合わせると、元のメッセージが復元できるのである。

アイデアの核心は、公開指数3と5を使って1を作るということだ。小学生の算数でよく出る問題である。3デシリットルますと5デシリットルますを使って、1デシリットルの水を作って下さい、というアレだ。

想像のとおり、答えは3デシリットルで2回入れ、そこから5デシリットル戻せばいい。つまり、

$$3 × 2 - 5 = 1$$

だ[†44]。これをメッセージ M との関係で書くと、

$$M = M^{3×2-5} = (M^3)^2 × (M^5)^{-1}$$

となる。この両辺を540031で割った余りを取れば

$$(M^3)^2 \times (M^5)^{-1} \bmod N = (C_1)^2 \times (C_2)^{-1} \bmod N$$

が得られる。つまり、

$$311662^2 \times 6303^{-1} \bmod 540031$$

を計算すればメッセージが得られるはずだ。ここで、$6303^{-1} \bmod 540031 = 55948$ であるから

$$311662^2 \times 55948 \bmod 540031 = 439014$$

が得られる。これが他ならぬメッセージ M だ。

この攻撃は、公開モジュラスが同じ2つの公開鍵で、公開指数が1以外を共通の約数に持たない(最大公約数が1)ときに可能となる。ここでは3と5を使ったが、実際には両者は最大公約数が1でありさえすれば、いくら大きくてもいい。つまり、公開モジュラスを共通にするのは危険なのだ。

● ブロードキャスト攻撃

共通の公開モジュラスが危険なら、共通の公開指数はどうか。結論から言うと、小さい公開指数を共有することは危険だ。

このことを最初に(学術論文の形で)指摘したのはジュアン・ホースタッドである[†45]。

ホースタッドが使ったテクニックは、CRT(Chinese Remainder Theorem = 中国人剰余定理)である。CRTの数学的な仕組みの前に、まずは例題を。

> 5で割ると3余り、7で割ると4余る（正の）一番小さな整数は何か。

この問題は、次のように考えることができる。求める数をxとして、xを

$$x = 5a + 7b \quad \text{———}(*)$$

と表現する。（*）の両辺を5で割れば左辺は3余るから、$7b$を5で割ると3余る。このような（0以上5未満の）bを求めると、$b=4$が見つかる。$7 \times 4 = 28 = 5 \times 5 + 3$だからだ。同様に、（*）の両辺を7で割ると4余るので、$5a$を7で割ると4余るはずである。そのようなaを探すと、$a=5$が見つかる。よって、

$$x = 5a + 7b = 5 \times 5 + 7 \times 4 = 53$$

となる。確かに5で割ると3余り、7で割ると4余る。しかし、これは最小ではない。5と7の最小公倍数35で割って余りを取れば、$x=18$が得られる。18は5で割ると3余り、7で割ると4余る最小の整数である。

このような計算技術を一般化して整理したのがCRTだ。

これで攻撃を理解するための準備は終わった。ブロードキャスト攻撃の餌食になる典型的なケースを見てみよう。公開鍵による暗号化計算を高速化するには、公開指数eを小さく取って、固定するのが有効だ。eは偶数ではありえ

ないから、$e=3$ が最も小さな公開指数となる。

3つの公開鍵 $(3, N_1), (3, N_2), (3, N_3)$ を考える。N_1, N_2, N_3 は異なる公開モジュラスだ。一般に、これらは2つの巨大な素数2つの積だから、N_1, N_2, N_3 のうち、どの2つの最大公約数も1だと仮定できる[†46]。

3つの公開鍵を使って作られた3つの暗号文

$$C_1 = M^3 \bmod N_1$$
$$C_2 = M^3 \bmod N_2$$
$$C_3 = M^3 \bmod N_3$$

を考える。これらはそれぞれメッセージの3乗 M^3 を N_1, N_2, N_3 で割った余りだから、CRTを使って M^3 を求めることができる。M^3 を求めてしまえば、後は普通に3乗根を求めれば（普通の数値計算なのであっという間にできる）、メッセージ M が復元できる。これがブロードキャスト攻撃だ。

この結果は、より一般の公開指数 e に拡張できる。つまり、e 個の暗号文からCRTを使って M^e を計算し、M^e の e 乗根を計算すれば M が求まる。ただし、e が大きくなると、それだけの数の暗号文を集めることは難しくなる。

● 極めて強力——連分数攻撃——

電子署名は一般に、比較的大きな計算機リソースを消費する。そこで問題になるのが速度だ。メモリ不足ももちろんあるが、メモリが十分だったとしても、速度の問題は残るのだ。

電子署名を高速化する最もシンプルな方法として、秘密指数 d を短くすることが考えられる。署名に要する処理時間は秘密指数の長さに比例するから、例えば秘密指数を通常の $\frac{1}{4}$ の長さにすれば、処理時間も $\frac{1}{4}$ で済むだろう。そう思うのは自然なことだ。

だが、秘密指数を短く取るのは危険だ。なぜなら、公開鍵から秘密鍵を計算されてしまうから。たとえ暗号文に関する情報が何も漏れていなかったとしてもだ。

1990 年、米国ベル研究所のマイケル・ウイーナーは、世界で最も権威ある電気系学会 IEEE（米国電気電子技術者学会）の論文誌で、次のような発表をした。論文「短い RSA 秘密指数に対する暗号解析」によれば、公開モジュラス N に対し、$\frac{N^{1/4}}{3}$ よりも短い秘密指数 d を使うと、公開鍵 (e, N) だけから d が計算できる。N が 2048 ビットだとすれば、d がおよそ 510 ビットより短い場合だ。N と同程度の長さの秘密指数 d を使った場合と比べて、電子署名には $\frac{1}{4}$ 以下の処理時間しかかからず高速なため、このような運用がなされる可能性は十分ある。ウイーナーは、このような短い秘密指数を使った場合に、公開鍵から秘密指数を計算する具体的なアルゴリズムを最初に示したのである。

ウイーナーが解読に使った数学的なテクニックは、連分数展開だ。連分数とは、分母の中にさらに分数が含まれているような分数のことである。

例を挙げよう。$\frac{17}{13}$ を連分数展開してみると、結果はこうだ。

$$\frac{17}{13} = 1 + \cfrac{1}{3 + \cfrac{1}{4}}$$

　計算方法はシンプルだ。まず、17 を 13 で割ると、商は 1、余りは 4 だ。したがって、

$$\frac{17}{13} = \frac{13 \times 1 + 4}{13} = 1 + \frac{4}{13}$$

となる。ここで、$\frac{4}{13}$ という分数があるが、これをひっくり返して $\frac{13}{4}$ とする。

$$1 + \frac{4}{13} = 1 + \cfrac{1}{\cfrac{13}{4}}$$

13 を 4 で割ると、商は 3、余りが 1 になるので、

$$1 + \cfrac{1}{\cfrac{13}{4}} = 1 + \cfrac{1}{\cfrac{4 \times 3 + 1}{4}} = 1 + \cfrac{1}{3 + \cfrac{1}{4}}$$

となる。この操作はこれ以上続けられない。これが $\frac{17}{13}$ の連分数展開[*]だ。
　連分数展開を途中で打ち切ったものを並べてみよう。

---

[*] より正確には、正則連分数という。

$$\frac{1}{1}, \quad \frac{4}{3} = 1 + \frac{1}{3}, \quad \frac{17}{13} = 1 + \cfrac{1}{3 + \cfrac{1}{4}}$$

　これらは、元の分数を近似している（最後は一致する）分数であり、元の分数の「主近似分数」という。分数は分母を大きくしてもいいなら、いくらでもよく近似できるが、分母をできるだけ小さくして近似することを考えると、主近似分数が最もよい近似分数になる。進んだ数学では無理数に対する連分数展開も扱うが、これも含めて連分数と関連する近似理論を、ディオファントス近似論と呼ぶ。なお、ディオファントス近似論は数学好きにとって悶絶するほど面白い分野だ。

　ウイーナーの攻撃法は、公開指数と公開モジュラスの比 $\dfrac{e}{N}$ の主近似分数の分母に秘密指数 d が現れることを利用したものである。

　考え方の背景には、RSA暗号の公開鍵と秘密鍵の関係式：

$$ed - k(p-1)(q-1) = 1 \text{———（※）}$$

がある。公開指数と秘密指数の積は、秘密の素数 p, q に対して、$(p-1)(q-1)$ で割ると1余る数でなければならない。

　また、公開指数 e を決めておけば、（※）は d と k を未知数に持つ方程式となる。2つの未知数に対して方程式が1つしかないので、一般に解は無数にあるが、適当な範囲の整数に限れば解を求めることができる。

ウイーナーのアイデアは、

$$(p-1)(q-1) = pq - (p+q) + 1 = N - (p+q) + 1$$

であり、p, q が N の半分の長さしかないので、右辺はほぼ N で近似できるということにある。

実際の例を見てみよう。128 ビットの p, q

$p = 30862154068785451595553007283547$
1841861

$q = 26868058153209308933437981794143434337$

を掛けて N を作ると

$N =$
829206150253432800101420991609588330556920108027302322634513493
53501381157

となる。

$(p-1)(q-1) =$
8292061502534328001014209916095883305511470868051028465816141145
7723886104960

となり、上位の桁がまるっきり同じであることがわかる。確かに、よく近似できていると言えるだろう。

ウイーナーの連分数攻撃を、実際の例で試してみよう。

2つの素数 $p = 505123$, $q = 513367$ をかけて、公開モジュラスを作る。

$$N = pq = 505123 \times 513367 = 259313479141$$

ウイーナーの攻撃法の条件を満たす秘密指数 d を選んで、逆に公開指数 e を作ってみる。秘密指数としては、

$$d = 209 < \frac{1}{3}N^{1/4} = 237.8674\cdots$$

を選ぼう。すると、公開指数は $e = 63277203317$ となる。
e と N の比

$$\frac{e}{N} = \frac{63277203317}{259313479141}$$

の主近似分数を計算してみる。計算方法は先ほどと全く同じだが、手計算は面倒なので計算機を使う。結果は**図75**だ。

すると確かに、主近似分数のリストの中に、分母が秘密指数 $d = 209$ になっている分数がある。

これがウイーナーの連分数攻撃だ。

連分数攻撃は、極めて強力な攻撃である。この攻撃は、暗号文に関する情報を全く使っていない。公開鍵 (e, N) だけから、秘密指数を割り出すことができるのだ。

暗号設計者、暗号ソフト開発運用者にとっての連分数攻撃の教訓は、d を $\frac{N^{1/4}}{3}$ よりも短く取ってはならないということになる。

しかし、この限界が最良かと言えば、答えはノーだ。

```
0/1
1/4
10/41
51/209    ← k/d 現る！
1183/4848
1234/5057
3651/14962
15838/64905
35327/144772
51165/209677
137657/564126
188822/773803
1081767/4433141
8842958/36238931
9924725/40672072
38617133/158255147
396096055/1623223542
830809243/3404702231
1226905298/5027925773
2057714541/8432628004
3284619839/13460553777
5342334380/21893181781
19311622979/79140099120
63277203317/259313479141
```

図75 公開鍵の比の主近似分数

2017年現在、知られている最良の結果は、ボネーとダーフィ[47]によるもので、

$$d < N^{0.292}$$

である。ウイーナーの結果がほぼ0.25の場合だから、確かに改良されていることになる。この結果は、LLLという連分数攻撃よりも高度なアルゴリズム[48]を使ってい

る。

　2017 年現在、0.292 より大きな指数でも成り立つと予想されているが、まだ有力な結果は得られていない。どこまで限界が伸びるのか、あるいはこれが上限なのか。興味が尽きない。

第 4 章
公開鍵暗号 ── 楕円曲線暗号

RSA暗号はたくさんの素数を用意しなければならないという難点があった。そこで登場した技術のひとつが、離散対数問題という数学に基づいた「楕円曲線暗号」だ。じつは暗号通貨とも呼ばれる「ビットコイン」もこの技術を用いている。

● より高速に

　RSAは明快な暗号方式だが、実際の応用では多数の素数を用意しなければならないことや、電子署名の処理速度が遅い点が問題だ。安全性はそのままで、たくさんの素数を用意せずにすみ、より高速な暗号方式はないのか。

　候補はいくつかある。有力なものとして、楕円曲線上の離散対数問題に基づく楕円曲線暗号[†49]が挙げられる。

　楕円曲線暗号は、RSA暗号と比べて、数学的にずっと複雑な技術である。私がサラリーマン研究者だった1990年代終わりから2000年代初め頃は、実際のシステムに利用される公開鍵暗号としてはRSA暗号が優勢だった。楕円曲線暗号は数学的に複雑すぎてエンジニアの理解が得られないだろうとか、新しい攻撃法が見つかって安全性を確保するための鍵長が伸びて優位性を失うのではないか、という意見が多かった。RSA暗号の処理はシンプルだが、楕円曲線暗号の処理は複雑だったし、運用も難しいに違いない。暗号のもととなる楕円曲線の選び方などもデリケートで、安全性にも疑問があった。主な利点がスピードだけでは、RSA暗号に取って代わるとは思えなかった。

　しかし、その後の展開は私にとっては予想外だった。鍵長が伸びるに従い、RSA暗号が処理に多くのリソースを使うようになっていったのに対して、楕円曲線暗号は大した変化がなかった。ICカードなどでは、もともとRSA暗号用に作られた特定の演算を高速に実行する専用回路（コプロセッサ）を使って、楕円曲線暗号の処理を高速化することさえあった。楕円曲線暗号はじわじわとRSA暗号と

第4章 公開鍵暗号——楕円曲線暗号

の間合いを詰め、RSA暗号の優位性を奪っていった。

そして、現在、NIST（アメリカ国立標準技術研究所）は電子署名アルゴリズムとしてはRSA署名を推奨せず、ECDSA（楕円曲線署名）とDSA（楕円曲線署名と類似の署名法）だけを推奨するに至っている。ブラウザ、ゲーム機なども楕円曲線暗号をサポートするようになり、主役は、いつの間にかRSA暗号から楕円曲線暗号へと移っていった。暗号通貨として今後のビジネス展開が注目されるビットコインでも楕円曲線署名が使われており、RSA暗号は初めから相手にされていない。当初は不利に見えても、真に優れた技術は結果的に市場を席巻するものなのかもしれない。まるで進化のメカニズムのように。

楕円曲線暗号は1985年頃、ビクター・ミラー（**図76**）とニール・コブリッツ（**図77**）によって独立に発明された[50]。

**図76
ビクター・ミラー**

楕円曲線暗号における「楕円曲線」だが、楕円の形をしているわけではなく、yの2乗＝xの3次式で表される曲線を楕円曲線と呼んでいる。適当に平行移動すればx^2の項を消すことができるので、楕円曲線と言えば、

**図77
ニール・コブリッツ**

$$y^2 = x^3 + ax + b$$

という形の曲線に「無限遠点 O_∞」(後述する)を加えたものである[†51]。曲線の形は、a と b にともなって変化する。いくつかのパターンを示す(**図78**、**図79**、**図80**)。

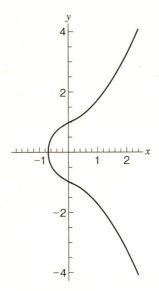

図78 楕円曲線 $y^2 = x^3 + x + 1$

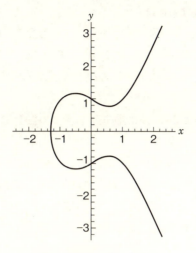

図79 楕円曲線 $y^2 = x^3 - x + 1$

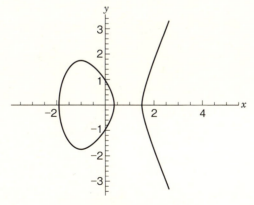

図80 楕円曲線 $y^2 = x^3 - 3x + 1$

● **足し算をするには**

　楕円曲線上の「足し算」を定義しておこう。楕円曲線暗号において平文や暗号文は楕円曲線上の点として表現され、暗号化、復号には楕円曲線上の足し算が必要になるからだ。

　図81のように、楕円曲線上の2つの点P, Qを考える。P, Qを通る直線を引くと、直線は楕円曲線上のもう一点で交わる。これをRとする。Rをx軸に関して対称に折り返すと、やはり楕円曲線上の点となる。楕円曲線は、x軸に関して対称だからだ。この点を、PとQの和P+Qとするのである。

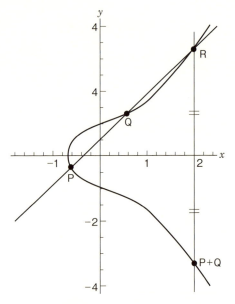

図81　楕円曲線上の足し算（P≠Qの場合）

PとQを結ぶ直線がy軸と平行になってしまうときは、無限遠点O_∞で交わるものと考える。無限遠点も含めて、楕円曲線と呼ぶのだ。無限遠点は、ゼロと同じような働きをする。PとQがx軸に関して対称の位置にあるとP+Q=O_∞だが、この場合、Qを-Pとする（逆元）。PとQが一致してしまった場合は、接線を引き、同じようにP+P=2Pを決める（**図82**）。

2Pを図82のように定義し、これにさらにPを足すと2P+P=3P、さらにPを足すと4P……というように、d個のPの和dPを考えることができる。これをPのスカラー倍という。倍と言ってもスカラー（普通の数）との掛

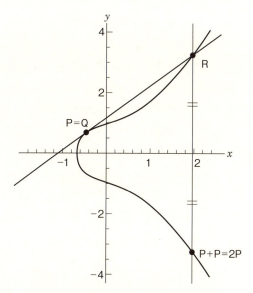

図82　楕円曲線上の足し算（P＝Qの場合）

け算があるわけではない*。d個の足し算をそう呼ぶのである。

暗号学では楕円曲線をこのまま扱うことはなく、有限体という代数系の上で考える。次節でもう少し詳しく説明する。

● **有限体で考える**

楕円曲線は連続的な曲線だが、計算機で扱うことを考えると、連続的であることが足かせになる。計算機は無限が苦手だからだ。

そこで、楕円曲線を有限体（ガロア体[†52]）の上で考えるというアイデアが生まれる。有限体とは、四則演算ができる有限集合のことで、最も簡単な例として素体がある。

素体は、素数pに対して、pで割った余りをもとに四則演算を行うものである。暗号学では、これを$\mathrm{GF}(p)$と書く。pで割って割り切れる数は0と同じなので、$\mathrm{GF}(p)$では0とみなされる。0以外の（pで割り切れない）数は必ず逆数を持つので、$\mathrm{GF}(p)$は体になる。これが素体だ。

一例として、$\mathrm{GF}(5)$を挙げよう。$\mathrm{GF}(5)$は集合としては5で割った余りの全体、つまり $\{0, 1, 2, 3, 4\}$ だと思ってよい。ただし、$\mathrm{GF}(5)$における計算は全て、5で割った余りで表現する。$\mathrm{GF}(5)$の世界では、**図83**のように5つの点が並ぶ円の上を歩く。

例えば、ここでは、1=6である。なぜなら、1から5

---

*この点は誤解されがちである。

第4章　公開鍵暗号──楕円曲線暗号

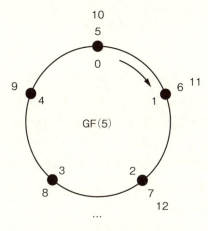

図83　GF(5)の世界

歩進むと、元の1のところに戻ってくるからだ。

同様に、

$$3 + 4 = 2$$

である。3を出発してこの円の上を4歩進むと、2のところにたどり着くからである。これは、3+4=7を5で割った余りが2と解釈できる。

掛け算は

$$2 \times 3 = 1 \text{（6を5で割った余りが1だから）}$$

のように解釈する。引き算をするとマイナスの数が出てくるが、マイナスは円を逆に回ると解釈すると、−3は、0から出発して逆方向に3歩進むことだから、2と同じだ。だから、例えば、

$$1-4=-3=2$$

と解釈する。

　割り算は少々難しいが、例えば「2で割る」というのは、2の逆数を掛けるという意味である。先ほど、$2×3=1$（$2×3$を5で割った余りが1）だと書いたが、これは、2の逆数が3という意味だ。だから、例えば、$\frac{3}{2}=3×3=9=4$（2の逆数が3で、9を5で割った余りが4だから）というふうに計算する*。このように約束すれば、GF(5)の中だけで四則演算ができる。

　素体の他にも有限体があるが、わかりやすさを優先し、素体に限って説明した。

　楕円曲線は、有限体の上で考えることができる[†53]。有限体の上で考えた楕円曲線は、先に見た実数体上の楕円曲線とは見た目がかなり異なる。ここでは、図78と同じ楕円曲線：

$$y^2=x^3+x+1$$

を、79個の要素からなる有限体GF(79)における楕円曲線として図示してみよう。**図84**をご覧頂きたい。

　これが図78と同じ曲線に見える人は、おそらくいないだろう。そればかりか、曲線にすら見えないのではないか。だがこれは、数学的にはまぎれもない曲線である。整数で考えるためにとびとびになっているだけでなく、GF(79)においては、79で割った余りだけを見ているので、曲線が何度

---

*正確には$\frac{3}{2}$ではなく$3・2^{-1}$と書くべきだが、誤解のない範囲で分数で表す。

第4章 公開鍵暗号 ── 楕円曲線暗号

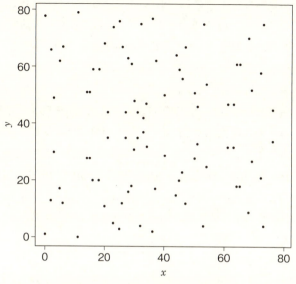

図84 GF(79)における曲線 $y^2 = x^3 + x + 1$

も折りたたまれて、このように奇怪な形に見えるのである。

また、足し算やスカラー倍も同じように定義できる。これは、足し算やスカラー倍を表す数学的操作が四則演算だけで書けるからだ。GF(79)の世界では、79で割った余りが全てである。曲線の点を計算する原理は簡単だ。xを与えて、右辺（今の場合は、$x^3 + x + 1$）を計算し、これがpで余りを取る代数系で平方根を持つかどうかを調べる。平方根を持つなら、それをyとすれば図84が描ける。

◉ 楕円曲線上の離散対数問題を応用する

有限体上の楕円曲線を考える。スカラー倍、つまりQ

$= m\mathrm{P}$ を計算するのは短時間でできる。しかし、PとQ を知っても、m を求めるのは難しい。これを楕円曲線上の離散対数問題という。離散対数問題というのはもっと一般的な問題だが、一般論は不要なので、この言葉にあまり神経質にならなくてよい。

　実際に、スカラー倍がどのように動くのかを追跡してみよう。計算過程は大変複雑なので、計算にはコンピュータを利用する。

　P = (2, 13) に対して、2P = (16, 59), 3P = (46, 23), 4P = (73, 75), 5P = (69, 52), 6P = (63, 47), 7P = (40, 50), 8P = (31, 44), 9P = (54, 54) をそれぞれプロットし、矢印

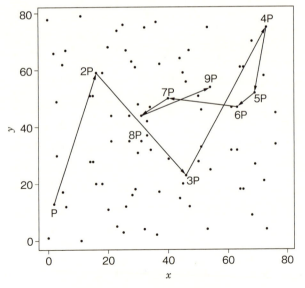

図85　スカラー倍された点の動き

でつないでみる。すると、**図85**のように、上下左右にふらふらと動く。あるときは遠くの、あるときは近くの点に。

決まった数式で計算しているのだから、もちろん規則的であるには違いない。しかし、詳しい計算によれば、スカラー m の値が大きくなると、mP の座標を元の点 P の座標で表したとき、極めて複雑な有理式（分数式）となる。そのため、Q＝mP の位置を知っても、m を計算することは極めて困難になるのだ。これが楕円曲線上の離散対数問題である。

楕円曲線暗号で使う場合には大きな素数 q に対し、$qP=O_\infty$ となり、q より小さい自然数 m に対しては mP は O_∞ にならないような点を選んでおく。これをベースポイントといい、固定して使う。

楕円曲線上の離散対数問題の最も簡単な応用は、楕円曲線を利用した鍵交換だ。

楕円曲線上での鍵交換とはどんなものか。

A氏とB氏が相互通信なしに鍵を共有するには、G をベースポイントとして、次のような処理を行う。

A氏は公開鍵ファイルからB氏の公開鍵

$$P_B = d_B G$$

を探し、自らの秘密鍵 d_A を用いて、

$$K_{A,B} = d_A P_B = d_A d_B G$$

を計算する。

一方B氏は、A氏の公開鍵

$$P_A = d_A G$$

を探し、自らの秘密鍵 d_B を用いて、

$$K_{B,A} = d_B P_A = d_B d_A G$$

を計算する。

明らかに $d_A d_B = d_B d_A$ であるから、$K_{A,B} = K_{B,A}$ が成り立っている。

これを（またはこの一部を）秘密鍵として共有する。これが ECDH（Elliptic Curve Diffie-Hellman key exchange）だ。使ったことは、「積が掛け算の順序によらない」ということだけである。

次に楕円曲線を利用してRSA暗号のような公開鍵暗号を作ってみよう。

話を単純化して、メッセージ M を楕円曲線上の点として表現した点を、同じ記号で M と表すことにしよう。

d_B をB氏の秘密鍵とし、B氏の公開鍵を

$$Q_B = d_B G$$

とする。A氏はメッセージ M に対し、乱数 r を選んで、

$$C_1 = rG$$
$$C_2 = M + rQ_B$$

として、(C_1, C_2) を暗号文としてB氏に送信する。C_1 は G を乱数倍したものであり、楕円曲線上の離散対数問題

が困難ならば、r を知ることはできない。C_2 も公開鍵を乱数倍した点とメッセージを足しているので、C_2 はランダムにしか見えない。

(C_1, C_2) を受け取ったB氏は、自身の秘密鍵を用いて、

$$C_2 - d_B C_1 = (M + rQ_B) - d_B rG \\ = M + rQ_B - rQ_B = M$$

とすれば、メッセージ M を復号することができる。これが楕円曲線エルガマル暗号（ECElGamal）である。

● 楕円曲線署名（ECDSA）

RSA暗号を利用した鍵交換の場合、単独では中間者攻撃が可能だった。この点は楕円曲線暗号でも同様であり、中間者攻撃を防げない。中間者攻撃を避けるには、電子署名が必要になる。

先に、RSA暗号を利用した電子署名を紹介した。RSA暗号では、要するに秘密鍵で暗号化操作をすれば、それが電子署名となった。公開鍵の代わりに秘密鍵を使うだけで、処理は本質的に同じだった。

一方、楕円曲線暗号では、単に暗号化処理と復号処理の役割の入れ替えのようなことはできない。そこで、別途電子署名の方法を考える必要がある。

図86は、楕円曲線署名（ECDSA = Elliptic Curve Digital Signature Algorithm）の最もシンプルなものの仕組みだ。RSA暗号を用いた電子署名と同様に、A氏のメッセージ M にB氏が電子署名することを考える。

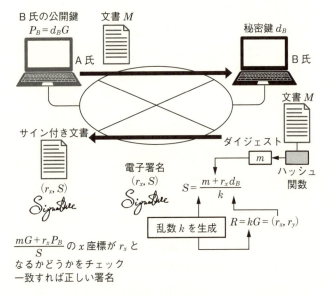

図86 ECDSA

　話の前提として楕円曲線 E を固定し、ベースポイントを G とする。G の位数を n としよう。つまり、n を $nG = O_\infty$ となる最小の正の整数とする。メッセージ M に署名することを考える。RSA 電子署名と同じく、まず、メッセージを適当な（暗号学的に安全な）ハッシュ関数 H でハッシュし、ハッシュ値 $m = H(M)$ を作る。

　1 から $n-1$ までの範囲の整数からランダムに k を選び、楕円曲線 E 上でベースポイント G のスカラー倍 $R = kG$ を計算する。kG の x 座標を r_x、y 座標を r_y とする（署名に使うのは x 座標だけである）。つまり、

$$R = kG = (r_x, r_y)$$

とする。

B氏は自らの秘密鍵 d_B を用いて（以下、数式が見やすいように逆数を分数のように表示する）、

$$S = \frac{m + r_x d_B}{k}$$

を計算し、

$$(r_x, S)$$

を電子署名として、元のメッセージ M とまとめてA氏に送る。これがB氏の署名プロセスだ。

署名付きの文書を受け取ったA氏は、B氏の公開鍵 $P_B = d_B G$ を使い、次のようにして署名を検証する。

$$\frac{mG + r_x P_B}{S}$$
$$= \frac{k}{m + r_x d_B}(mG + r_x P_B)$$
$$= \frac{k}{m + r_x d_B}(mG + r_x d_B G)$$
$$= \frac{k}{m + r_x d_B}(m + r_x d_B)G$$
$$= kG = R = (r_x, r_y)$$

つまり、この等式が成り立つかどうかを確認し（実際にはRのx座標が一致するかどうかを見るだけだが）、成り立っていれば署名が正当なものと認める。

mはメッセージMのハッシュ値だから、もちろん計算できる。Gはベースポイントであり、公開されている。P_BはB氏の公開鍵だから、これも公開情報だ。署名としてr_xとSが送られてくるのだから、計算に使う情報は全て既知である。

巧妙な仕組みだが、計算は決して難しくない。思いつくのが難しいのは、RSA暗号の場合と似ている。

● 痛恨のミス

年末、ドイツ・ベルリンでは、CCC（Chaos Communication Congress）というハッカーのための大会が毎年開催されている。CCCはヨーロッパ最大のハッカー大会で、話の中心はセキュリティである。CCCでは、実際のシステムに対するハッキングの発表がなされる。

2010年12月の大会では、ソニーがPS3（PlayStation3）のソフトウェアの電子署名に用いていたECDSAを破ったという報告がなされた[†54]。発表したのは、fail0verflow（ここで0verflowの先頭部分はアルファベットのオーではなく数字のゼロ）と名乗るグループだ（**図87**）。PS3のセキュリティは難攻不落と言われていただけあって、この発表には大きな注目が集まった。

PS3に限った話ではないが、ゲーム機には、許可されていないソフトウェアを実行しないようにする仕組みが内

第4章 公開鍵暗号──楕円曲線暗号

図87　CCCで発表するfail0verflowのメンバー

蔵されている。その際に、電子署名を使っているのだ。

fail0verflow の解析によると、当時の PS3 の ECDSA では、本来ランダムでなければならない k が固定値だったという。k を固定値にすると $R = kG = (r_x, r_y)$ となるから、署名に使う r_x も固定値となる。

k を固定値として、ECDSA において、異なるチャレンジ M_1, M_2 に対する電子署名を求めてみよう。チャレンジそれぞれに対するハッシュ値を m_1, m_2 とすると、これらに対する S_1, S_2 は、次のようになる。

$$S_1 = \frac{m_1 + r_x d_B}{k}$$

$$S_2 = \frac{m_2 + r_x d_B}{k}$$

引き算すると $r_x d_B$ が消えて、

$$S_1 - S_2 = \frac{m_1 - m_2}{k}$$

となる。これを k について解けば、

$$k = \frac{m_1 - m_2}{S_1 - S_2}$$

となって、k が求まる。k が求まってしまえば、kG が計算できる。その x 座標を見れば、r_x が求まる。結果、例えば S_1 を d_B について解けば、

$$d_B = \frac{kS_1 - m_1}{r_x}$$

となって、秘密鍵 d_B が求まってしまうのだ！

これは ECDSA そのものの欠陥ではなく、実装のミスである。しかし、このミスは痛い。致命傷と言ってもいい。

このミスが何をもたらしたか。

fail0verflow は k が固定値であることを発見し、秘密鍵を取り出すことに成功した。さらに、17歳のときに iPhone のジェイルブレイク（直訳すると脱獄）[†55] に個人として初めて成功し、ブログや YouTube に公開して一躍有名になった凄腕のハッカー、ジョージ・フランシス・ホッツ（通称 GeoHot）は、この方法を発展させて PS3 の全てのプログラムを暗号/復号化できる鍵を見つけてしまった。

これだけでも大問題だが、話はこれだけでは終わらない。PS3 と PSP が似ていることから、PS3 のコードの内部に PSP 用の暗号化を行うシステムが含まれているので

は、とハッカーたちの間では予想されていた。マシュー・エルヴェ（Mathieu Hervais、通称 Mathieulh）がこの予想を実証し、PSP用の暗号プログラムの鍵を発見することに成功する。これによって、自作のソフトウェアでも、市販されているソフトと同じように署名をして起動できることになってしまった。海賊版のソフトでも、悪意あるソフトでも、である。

この対策は、じつは容易ではない。プログラムをほんの少しだけ修正すれば、k をランダムにできるから大丈夫という問題ではないのだ。

これまでのPSP用のプログラムの鍵を変更すれば昔のゲームが起動できなくなってしまうからである。ミスに気付いた技術者は、対策の困難さに身震いしたに違いない。

情報セキュリティ担当者が闘わなければならないのは、ソフトウェアに精通し、高度な暗号技術を軽々と理解する彼らのような豪腕ハッカーたちなのである。

● ビットコイン

暗号通貨ビットコインは画期的な発明だ[†56]。是非ともここで説明しておきたい。しかしながら、暗号通貨の技術は猛烈な勢いで進化している。次々に新しい暗号通貨が登場し、互いに競い合っている。今後ビットコインが標準になるかどうかもわからないし、そもそも標準の暗号通貨というものが生まれるかどうかさえわからない[*]。このような状況では、細かいことを書いてもすぐに時代遅れになってしまうだろう。そこで、ここでは詳細は一切省いて、ビ

ットコインを例にとって暗号通貨の本質を説明し、巻末注と脚注で技術的詳細を補足する。分量がとても多いので、ざっと本文を読んでから注を読むとよいだろう。

ビットコインとは、我々が普通に使っている100円玉や1000円札のような「お金」ではなく、価値の所有権を移動させる仕組み全体を指している。

その本体は、ウェブ上の巨大な取引台帳である（2017年7月末現在でさえ65GB以上あり、ダウンロードには何日もかかる）。この取引台帳はブロックチェーンと呼ばれ、世界中のビットコイン取引が全て記録されている。ブロックチェーンはビットコイン・ネットワークの参加者たちが各々所有しており、誰でも取引内容を見ることができる（ただし、後に説明するように誰が誰に送金しているかはわからない）。

参加者は平等で、お互いに通信しあうことができる。このようなネットワークは、ピア・ツー・ピア（P2P）ネットワークと呼ばれ、ネットワークにつながっているコンピュータはノードと呼ばれる。

AさんからBさんに1ビットコイン（BTCと書く）渡すという取引を考えよう。このとき、AさんがBさんに支払ったということを証明するには、電子署名を使えばい

＊本書執筆中（2017年8月1日）にビットコインはビットコインとビットコインキャッシュ（BCH）に分裂した。両者は互換性がない。ここでは、従来型のビットコインを例として解説しているが、暗号通貨の本質は損なわれないはずである。

いことは、ここまで読んできた読者ならわかるだろう。署名はAさんの公開鍵を使えば容易に検証できる。ビットコインではECDSA（楕円曲線署名）が使われているが、署名の方法は公開鍵暗号をベースにしたもので暗号学的に安全であれば何でもよい。電子署名を使えば、なりすまし、改竄、否認が防げる。つまり、Aさんの秘密鍵を持っていなければ、Aさんになりすましてビットコインの取引をすることはできない（なりすまし防止）。第三者が金額などの取引内容を書き換えることもできない（改竄防止）。Aさんが署名している以上、Aさんは支払っていないということはできない（否認防止）。

　しかし、電子署名だけでは、もうひとつの重要な問題が解決できない。それは、二重支払い（一度送ったコインを別の誰かに送ること）の問題である。ビットコインには物理的な実体はない。だから、電子メールを複数の人にコピーして送るのと同じようにビットコインを複数の人に送ることができてしまう。ビットコインでは、この問題を巧妙な方法で解決する。

　AさんがBさんに送金する場合、Aさんは取引内容（トランザクション）に自分自身の電子署名をつけてビットコイン・ネットワークに流す（これをブロードキャストという）。Bさんに直接送らない点が重要である。ビットコインというシステムは、このような署名付きの全世界のビットコイン取引データを（約）10分間分ごとに1つのブロックにまとめる。この時点では、このブロックはまだ正式な取引として承認されていない。

正式な取引と認めるため難しいパズルを解く仕事を課すことを「プルーフ・オブ・ワーク」(Proof of Work＝仕事の証明）という。ブロックを承認するには、ハッシュ値の先頭に決まった数以上の0が並ぶようなナンスと呼ばれる数字を探す必要がある。これが「難しいパズル」である。

　ナンスを探すのはビットコイン・ネットワークの参加者である。ナンスを探すことをマイニング（採掘）、マイニングする人やコンピュータをマイナー（採掘者）という。マイニングの流れを模式的に描いたものが**図88**である。

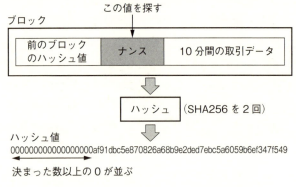

図88　マイニングの流れ（ハッシュ値は16進数）

　マイナーは、図88のように前のブロックのハッシュ値と10分間の取引データに「ナンス」という数字をつけてハッシュ関数（SHA256というハッシュ関数を二重にしたもの）に通す。第2章で見たように、ハッシュ関数では入力をちょっとでも変えるとハッシュ値はがらりと変わ

ってしまう。ナンスが変わればハッシュ値も大きく変わる。そのようなナンスの中でハッシュ値の先頭に決まった数以上の0が並ぶもの[†57]を探すには、手あたり次第にナンスを変えてハッシュ値を計算しなければならない。マイナーはナンスを変えてハッシュ値を計算するという操作を膨大な回数繰り返し、0の並ぶナンスを見つけ出すのである[†58]。これは途方もない仕事だ。図88のハッシュ値は、先頭に0が18個並んでいる。これは16進数表示だから、1つのゼロは二進数の0000に相当する。つまり、二進数で書いたとき、先頭に並んでいる0の個数は$18 \times 4 = 72$個である。このようなハッシュ値を得るには平均して2の72乗回（4722366482869645213696回）ものハッシュ計算が必要になるのだ！　ビットコインのシステムは世界中のマイナーたちが片っ端からナンスを変えてハッシュ値を計算すると平均10分程度で条件を満たすハッシュが見つかるようにゼロの個数を調整している[†59]。計算能力が上がったら、その分ゼロの個数を増やして問題を難しくするのである[†60]。条件を満たすナンスを見つけたノードは、このナンスを含むトランザクションをビットコイン・ネットワークに流す。これを受け取った各ノードは、ハッシュ値が条件を満たすことを確認する。確認はハッシュを1回計算するだけだからすぐにできる。ネットワークの全てのノードが、これが正しいトランザクションと認めたらそのブロックは正当なものとなり、タイムスタンプが押されて直前のブロックの後ろに接続される。このように台帳はブロックが鎖のようにつながった構造を持つので、ブロ

ックチェーンと呼ばれる。

ナンスを見つけるのは大変な作業なので報酬が支払われる。正しいナンスを見つけたノードには報酬としてビットコインが支払われる（2017年現在では12.5BTC[†61]）。この報酬は、ビットコインのシステムが何もないところから作るものだ（システムが自分自身でビットコインを発行する）。だからビットコインは平均して10分で12.5ビットコインのインフレ状態にある。マイナーはこの報酬を求めてマイニングを行う。**図89**はマイナーのイメージである（実際には個人のPCでマイニングを行っても成功する可能性はほとんどなく、専用のマイニングマシンが使われている）。

プルーフ・オブ・ワークの仕組みの何が巧妙かを理解するには、アタッカーがブロックチェーンの取引記録を改竄

図89　報酬を求めてパズルを解くマイナーたち

しようとしたときを考えればわかる。アタッカーは、取引記録を自分に都合のいいように（例えば自分にビットコインが送金されるように）書き換えたいが、取引記録を書き換えるとハッシュ値も変わってしまう。ハッシュ関数の説明で見たように、取引記録をちょっとでも書き換えるとハッシュ値はめちゃめちゃに変わってしまうので、改竄した取引記録を正当なものに見せかけるには、再びマイニングを行わなければならない[†62]。先に見たように、これは世界中のマイナーの途方もないハッシュ計算力で10分もかかる大仕事である。不正をはたらくには、この作業を自力でやらなければならないのだ。成功するには平均して世界中のビットコイン・ネットワークのマイニングパワーを上回らなければならない。つまりマイニングパワーにおいて過半数を制する必要がある。これを51％アタックという[†63]。これほどの計算力を持っているなら、正当なマイナーとなった方が得であり、不正をするインセンティブはなくなる。

　ビットコインには全世界の全てのビットコイン取引が記録されている。しかし、利用者の情報をそのまま載せてしまうと誰が誰に送金しているかわかってしまう。そのため、ビットコイン利用者のアドレス（銀行における口座番号にあたる）は、大雑把には利用者の公開鍵のハッシュ値だと思えばよい[†64]。例えばHUMAN RIGHTS FOUNDATIONのビットコイン寄付用のアドレス（2017年現在）は、次のような文字列になる。

18fyEQXaZQgCbNoE5Qjs6W7Pnqc9Yp4PQD

　これは寄付用のアドレスだから、アドレスの主が誰だかわかっている。寄付をする側のアドレスもブロックチェーンに記録されるが、アドレスはハッシュ値だから、アドレスから寄付してくれた人の公開鍵を逆算することは（少なくともこの情報だけからは）できない[†65]。これが、ブロックチェーンが公開されているにもかかわらず誰が誰に送金したか（アドレスの主が公開されているもの以外は）わからない理由である。ビットコインのアドレスと電子署名に用いる秘密鍵はウォレット（財布）に保管する。ウォレットには、PC上のアプリケーションやウェブアプリケーション、ペーパーウォレット（紙に鍵を印刷したもの）やハードウェアウォレットなど様々な形態のものがある。ここではウォレットについては深入りしないが、ビットコインの世界では、鍵の情報は極めて重要だ。盗難・紛失には十分注意しなければならない[†66]。

　以上がビットコインの基本原理である。
　仕組みは以上の通りだが、一体何が画期的なのであろうか。
　最大のインパクトは、管理者なしに経済取引できることを示したことだ。通常の貨幣は、信頼できる第三者（＝国家）がいて初めて機能する。だから国が信用されていなければその国の貨幣も信用を失う。しかし、ビットコインには、そうした主体がない。ビットコインのネットワークは

世界中に網の目のように広がり、国家を超越したものになっている。もちろん、日銀のような中央銀行は必要ない。中央銀行の大きな役割として、通貨の発行があるが、ビットコインではマイニングの成功報酬という形で「ビットコインという仕組み」そのものがコインを発行する。逆に言えば、ビットコインではマイニング以外にコインを生み出す方法はない。「発行人」はいないのだ。

ビットコインの世界では、ビットコインの開発者やマイナーの間で意見をすり合わせるプロセスは存在するが、多数決で意思決定がなされるとは限らない。実際、2017年8月にはビットコインの仕組みを巡って意見が対立し、ビットコインが分裂して新しいコイン「ビットコインキャッシュ」が誕生した。少数派が常に多数派に従うというわけではない。少数派は少数派で独自のコインを作ることができる。それに従うものがいなければ廃れるだけである。

ビットコインのアイデアはもっと複雑な取引に応用できる。ビットコインでは「コインの受け渡し」しかできないが、かぎカッコの中をもっと複雑な取引にすればいい。このような取引はスマートコントラクトと呼ばれる。スマートコントラクトを実現するためにはビットコインの取引を記述するビットコインスクリプトという言語だけでは記述力不足（例えばループを記述できない）で、通常のプログラム言語に近いものにする必要がある。これを実現した例としてイーサリアム（Ethereum）がある[†67]。スマートコントラクトを利用すると、金融取引をはじめとして様々な取引を自動化することができるようになる。

● **計算量という概念**

今まで見てきたように、SSL、マイナンバーカード、ビットコインなどでは電子署名や鍵共有のために公開鍵暗号の技術が使われている。公開鍵暗号は、素因数分解や離散対数問題など、解くのに時間のかかる問題を基礎に構成されている。

一方で、解読アルゴリズムの計算量（計算複雑性）について、数学的な定義は述べていなかった。ここではその意味について、状況を簡略化して解説する。ただし、簡略化したとはいっても計算量はかなりこみいった概念なので、ざっくり理解できればいいと思う。

大雑把にいうと、「データのサイズ n が十分に大きいとき、計算回数が n のどのような関数になるか」を計算量という。この際、計算量は、「漸近的な」概念である。例えば、n が十分に大きければ、n^2+3n+4 という関数の値は、漸近的に n^2 に比例する。n^2 と比べれば $3n+4$ はゴミのようなものだからだ。

ここで、データのサイズとは、そのビット数と思ってよい。RSA 暗号の公開モジュラスのサイズが 2048 ビットなら、n は 2048 である。

離散対数問題を解く方法として有名なポラードの ρ 法の場合[68]、計算量は元のデータサイズの半分になる（ルートを取るということは指数部分を 2 で割るということ）ので、計算の回数は、

$$2^{n/2}$$

第4章 公開鍵暗号 —— 楕円曲線暗号

に比例する。つまり、これが ρ 法の計算量である。これは指数時間の計算量と言われる。なぜなら計算量が n の指数関数だからだ。より一般に、2の肩に乗っている関数が n の一次関数のときも、指数時間であるという。

一方、素因数分解の計算量は「準指数時間」であると言われる。準指数時間とは、計算量の2の肩に乗る n の関数が n のルート（平方根）や3乗根になるようなものだ。より一般的には、n^a（$0 < a < 1$）に比例（次に述べるように正確な表現ではないが）して、n の一次関数よりもゆっくりと増加するものをいう。2017年現在、素因数分解の最速のアルゴリズムは一般数体ふるいだが、その計算量は、

$$2^{(c+o(1))n^{1/3}(\log_2 n)^{2/3}}$$

である [69]。c は定数で、$o(1)$ というのは n を大きくすると0に近付くような関数である。ややこしいので、もっと大雑把にいうと、

$$2^{cn^{1/3}}$$

に大体比例するが、実際はこれよりもちょっと計算量が多い、ということだ。ついでながら、n の肩に乗っている1/3は、以前は1/2が限界だろうと予想されていた。改良された際は、関係者を驚かせたものである。

計算量が多項式時間であるとは、計算量が n の多項式に比例することをいう。例えば、n ビットと n ビットの数の掛け算の計算量は、普通の筆算と同じように計算する

場合は、

$$n^2$$

となる。つまり多項式時間である[†70]。

n が小さいときは、指数時間のアルゴリズムより多項式時間のアルゴリズムの方が計算に時間がかかったりすることもあるが、n を大きくしていくと、この3つの計算量の違いが大きくなり、

指数時間 > 準指数時間 > 多項式時間

であることがはっきりとわかるようになる。

● 一方向性関数は存在するか？

これまで、素因数分解と楕円曲線上の離散対数問題が計算量的に困難であることを仮定して話を進めてきた。第3章で触れたように、「掛け算は易しいが、素因数分解が難しい」ということを、暗号理論では、「掛け算関数が一方向性関数である」というように表現する。一方向性を前節の用語を使ってもう少し正確に表現すると、「素因数分解のアルゴリズムの改良には限界があり、多項式時間のアルゴリズムにまで改良することはできない」ということである。もし、現在知られている最も高速な「一般数体ふるい」という素因数分解アルゴリズム（準指数時間）よりも高速なアルゴリズムが存在しないことが示せれば、掛け算関数は一方向性を持つことになる。しかし、一方向性が厳密に証明された関数は 2017 年現在、ひとつも知られてい

第4章 公開鍵暗号――楕円曲線暗号

ない。したがって、楕円曲線上の離散対数問題も素因数分解も、厳密には計算量的に困難であるかどうかはわかっていない。

しかし、これを証明することは難しい。難しさの最大の理由は、一方向性の否定には、例えば多項式時間のアルゴリズムを「1つ」でも示すことができればよいのに対し、正しいと主張するためには「全ての」アルゴリズムが多項式時間でないことを示さなければならないからである。これは、アタックとディフェンスの関係に似ている。アタッカーがどこか1ヵ所でも穴を見つければいいのに対して、ディフェンダーは全ての穴を塞がなければならないからだ。

また、一方向性は、どのような物理系で計算機を実現するかによっても変わる可能性がある。離散対数問題（楕円曲線上の離散対数問題も含む）と素因数分解の困難性は、イギリスの物理学者デイヴィッド・ドイッチュ（**図90**）が定式化した量子チューリングマシン（量子計算機と思えばよい）の枠組みでは崩れ去

図90　デイヴィッド・ドイッチュ

る。量子チューリングマシンの説明には多数のページを割かねばならないので割愛するが、量子的な重ねあわせをうまく利用することでアナログ的な並列計算が行われ、これらの問題を高速に解くことができるのである。

なお、量子チューリングマシンで計算できることは、通

常のチューリングマシン（通常の計算機）でも計算できることがわかっている。だから、量子チューリングマシンを持ちだしても、計算可能性の理論で新しいことは何も出てこない。しかし、計算量に関しては、両者の間にギャップがある可能性がある。

計算機科学者ピーター・ショア*は、量子チューリングマシンを用いれば、離散対数問題と素因数分解が多項式時間で解けることを示した。ショアはこの業績でネヴァンリンナ賞、ゲーデル賞を受賞している[†71]。

この結果は、暗号業界に衝撃を与えた。公開鍵暗号の安全性を脅かすものと考えられたからだ。もし量子計算機が実現すれば、RSA暗号も楕円曲線暗号も安全ではなくなってしまう。

**図91
ピーター・ショア**

量子計算機が実現できるかどうかは、現時点ではチャレンジングな問題だ。

2013年のRSAカンファレンスで、暗号学の賢人4人、ディフィー、リベスト、シャミア、ボネーは、量子計算機を用いた攻撃（quantum attacks）のポテンシャルに対して、「否定的な」見解を述べた。遠い未来はともかく、現時点で心配するような問題ではないというのである。

一方、INTERNATIONAL BUSINESS TIMESの2015

＊ 2017年現在はMIT教授である。

第4章　公開鍵暗号 ── 楕円曲線暗号

年8月24日の記事[72]によれば、アメリカの諜報機関NSA（アメリカ国家安全保障局）の専門家たちは、今後50年の間に量子コンピュータが現実になり、現在の公開鍵暗号技術が使いものにならなくなることを本気で心配しているという。

　量子計算機が実現できたら、公開鍵暗号は死を迎えるのだろうか。その可能性はゼロではない。

　しかし、希望がなくなったというわけでもない。例えば、最短ベクトル探索問題（SVP）[73]に対しては、2017年現在、それを多項式時間で解く量子アルゴリズムは知られていない。SVPをベース*にした格子暗号はいくつか考案されており、これらが新時代の公開鍵暗号のデファクトになる可能性がある[74]。

　SVPとはどんなものか、単純化した**図92**で説明して

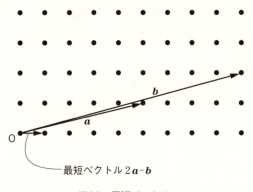

図92　最短ベクトル

---

*または最近ベクトル探索問題（CVP）。

おこう。

　最初に2つのベクトル **a**, **b** が与えられていて、これらのベクトルを整数の範囲で足したり引いたりしてできるものの全体を、ベクトル **a**, **b** が作る格子という。この格子の中でゼロベクトルではないような最も短いベクトルを求めるのが、最短ベクトル探索問題である。図92の場合では、$2\boldsymbol{a}-\boldsymbol{b}$ が最短ベクトルになっていることがわかるが、ベクトル **a**, **b** の取り方によっては、最短ベクトルは別のものになっているかもしれない。ベクトル **a**, **b** が直交しているときはこの問題は簡単だが、直交していないときは最短ベクトルがどんなものか、すぐにはわからない。

　さらに次元を上げて、例えば空間ベクトルにすると、もっと難しい問題になる（平面上のベクトルの場合ですら自明ではない）。数学的にはベクトルの成分はいくらでも増やせるから、次元はいくらでも高くすることができる。こうなると問題は遥かに難しくなり、最短ベクトルを求める計算は膨大な手間を要するようになる。これが最短ベクトル探索問題の難しさである。

　理論計算機科学（計算複雑性理論）における「P ≠ NP予想」は、クレイ数学研究所のミレニアム懸賞問題（賞金100万ドル）である。ここで、Pとは多項式時間（Polynomial time）で判定可能な問題の集まりであり、NPとはイエスとなる証拠が与えられたとき、その証拠が正しいかどうかを多項式時間で判定できる（Non-deterministic Polynomial）問題の集まりである。つまり、検算が多項式時間でできる問題の集まりである。計算

複雑性の理論では、主として「決定問題」が扱われる。決定問題とは答えが「はい」か「いいえ」になる問題である。Pに属する決定問題はNPに属するが、NPがPよりも真に大きいだろう、というのがP≠NP予想である。簡単に言えば、「検算するよりも問題を解く方が難しい」ということである。

P≠NP予想は、暗号学的に極めて重要な予想だ。というのは、もし、この予想が間違っており、P＝NPとなったとすると、公開鍵暗号で暗黙のうちに仮定されている（あるいは期待されている）一方向性関数が存在しないことになるからである。

ハンガリー生まれでIBMアルマデン研究所の理論計算機科学者・数学者のミクロス・アイタイは、「最短ベクトル探索問題が、ある条件の下でNP困難であること」を厳密に証明した[75]。ある問題AがNP困難であるとは、「NPに属するどの問題も、Aに多項式時間で還元可能である」ということを意味する。つまり、最短ベクトル探索問題を多項式時間で解くアルゴリズムが見つかれば、NPの問題を多項式時間で解くことができるのだ。ただしアイタイの示したアルゴリズムでは、特定の格子に対する最短ベクトル探索問題がNP困難であるかどうかはわからない[76]。

第 5 章
サイドチャネルアタック

暗号は、数学的な理論だけでなく、それを動かすハードウェアも重要な構成要素となる。本章では、IC チップの消費電力から暗号解読の手掛かりを得る方法や、そのような攻撃をどのように防ぐのかについて詳しく見ていく。

● 裏口を開ける

　これから説明する内容は、暗号の理論だけでなく、ハードウェアと密接な関係を持っているため、理論重視のほとんどの暗号の本には書かれていない。しかし、現実世界では大きな問題になりうる。特に、IoT（Internet of Things）技術の進展によって、身の回りの電子機器の多くがインターネットとつながる現代では。

　暗号の数学的構造を解析するのは、いわば暗号解読の表玄関だ。アタッカーは、表玄関から正々堂々と暗号の解読を試みるとは限らない。裏口を狙う連中が現れる。

　アタッカーが裏口を開ける手段は、大きく分けて2つある。

　ひとつは、ソフトウェアのバグ（欠陥）を突く方法、もうひとつはハードウェアの動きを手掛かりにする方法だ。

　実際のところ、ソフトウェアのバグが、多くのセキュリティの穴になっている。

　例えば、バッファオーバーフロー（バッファオーバーロード）と呼ばれる攻撃がある。データを一時的に格納するためのメモリ領域をバッファという。バッファよりも大きなデータを与えると、バッファ領域を超えてデータが格納され、そこに不正なプログラムを忍び込ませることでクラッキングできる場合があるのだ。これは「本来はチェックすべきデータサイズをチェックしていない」というバグを突いた攻撃である。

　じつは、バッファオーバーフローは今でも有効なことが多い。バグを突くという攻撃法は他にもまだあるが、暗号

と直接の関係がないものなので、この話はもうやめておこう。

では、ソフトウェアが完璧なら安全かと言えば、そうではない。当然ながら、暗号はコンピュータに実装されて初めて機能する。数学的に設計された段階において、暗号は概念に過ぎない。暗号処理がマシンで実行されるとき、その瞬間に解読のヒントが宿るのだ。

● ICチップの仕組み

暗号を処理するのはコンピュータである。ICカードやICタグ、車の電子キーなどは小型のコンピュータであり、多くは、ICチップとして実装されている。最初に、ICチップがおよそどんな構造で、どのように動作するのかを見ておくことにしよう。

ICチップの構造は、大雑把にいうと、計算を行う演算器とプログラムなどを格納する不揮発のメモリ（ROM、EEPROMなどの種類がある）と、データの処理のためにデータを一時的に格納する揮発性のメモリ（RAM）と、これらを接続する配線で構成されている。これらに電源や外部とのデータの入出力、ICチップの処理のタイミングを決めるためのクロック信号などの入力端子がつながっていると思えば、だいたいのイメージがつかめるだろう。

ICチップは、メトロノームのように規則的に動くクロック信号（図93）に従って動いている。

大雑把には、「フェッチ」して「デコード」して「実行」して答えを「書き込む」というような処理をクロック信号

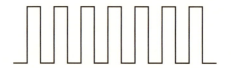

図93　クロック信号

に従って繰り返している。

　「フェッチ（fetch）」は、料理をする際に、材料をまな板に載せることを想像するとわかりやすいかもしれない。典型的には、どんな動作をするかを決める「命令」をプログラムから読みだして、これを命令処理のために一時的に置いておくインストラクションレジスタ（RAMの一種）に格納する処理から始まるからだ。まな板がインストラクションレジスタである。

　フェッチされた命令を具体的な処理に読み替える「デコード（decode）」という処理の後に命令が実行され、実行結果のデータを書き込むという処理で一命令の処理が完了する。実際のICチップでは、高速化のためにもっとややこしい処理をしていたり、特定の処理を専門的に行う演算器（コプロセッサ）があったりと複雑だが、以上がICチップのおよその構造と動作である。

● 逆解析とマイクロ手術

　ICカードの内部構造を解析する専門業者がある。例えば、テックインサイツ（TechInsights）という知財コンサルティング会社は、ICチップの内部構造を詳細に解析し、他社の特許を侵害していないかなどを調べてくれる。

この種の解析は、リバースエンジニアリング（逆解析）と呼ばれる。この攻撃は、見ようによっては究極の攻撃だ。ICチップを裸にして調べるのだから。この程度の解析は、あまり難しくない。

これに対して、暗号の秘密鍵を盗み出すことは、想像以上に複雑だ。ICカードの場合、そもそも内部情報を守るための対策が施されている。例えば、パッケージを開封すると内部情報がクリアされる機構が載っていたら、アタッカー側はまずそこから突破しなければならない。慎重にセンサーを避け、働きを無効にしてから開封する。

こうした対策技術をうまくすり抜けたとしよう。もはやチップは裸だ。ROM、RAM、EEPROMなどのメモリも見える。「メモリの内容を直接読んでしまえばいいではないか」とアタッカーは思う。暗号の鍵を直接読めれば、難しい解析は不要だ、と。

確かに、メモリを読み出すことは可能だろう。だが、どこに欲しい情報が格納されているのかを探り当てるのは容易ではない。暗号処理中のバスライン（信号線）のデータを読む攻撃もあるが、これも手間がかかる。ICチップ内部の回路は極めて小さなものなので、バスラインも極細で、幅は1ミクロン（1000分の1ミリメートル）もない。現在では、微細加工技術の発達で、ますます細くなっている。マイクロプローブ（信号の値を読むための針）を当てるために、台（ステージ）を取り付ける微細加工を行う必要がある。こうした微細加工は、マイクロサージェリー（マイクロ手術）と呼ばれ、専門的な技能が要求される。

さらに、バスラインが暗号化されている場合は、暗号化される前のデータにアクセスする必要がある。

さて、どうするか。最も現実的なのは、若干のマイクロサージェリーと後に述べる消費電力解析などのテクニックを組み合わせる半侵襲攻撃（semi-invasive attack）だが、これはハイコストだ。パッケージを開封して内部構造を調べ、さらに内部データの読み出しをする必要があり、手間も時間もかかりすぎる。得られる利益が大きければこうした攻撃をする手もあるが、先に考えるべきは、もっとローコストな攻撃だろう。

● 時そば的フォールトアタック

古典落語「時そば」のラストでは、そば屋での支払いの際に、こんなやりとりがなされる。

「十六文だったな？　ひー、ふうー、みー、よー、いつ、むー、なな、やー、何刻だい？」

「へー、四刻で」

「いつ、むー、なな、やー、ここのつ……」

あれ……余計に払ってるぞ！

フォールトアタックとは、暗号処理をしているICチップに何らかの誤動作を起こさせ、間違った処理結果を出力させ、その間違った結果と正しい処理結果とを比較することで秘密情報を盗み出す方法である。

この場合、「へー、四刻で」がフォールトにあたり、「数え間違いで間違った処理結果が出力された」と考えることができる。この場合、秘密情報はないので、間違いは笑い

話でしかない。が、これがICカードやICタグで起きると、深刻な話になり得るのだ。

フォールトアタックは、リバースエンジニアリングよりもローコストで可能なサイドチャネル攻撃技術として、最初に登場した。フォールトアタックが生まれたときのエピソードは、次のようなものである。

1996年、当時シティコープにいたレンストラ氏（A. K. Lenstra）は、RSAのCRTを用いた電子署名の処理に対して、差分故障解析（DFA = Differential Fault Analysis）を考案した。DFAはフォールトアタックの一種である。レンストラのDFAは当初、「メモ」として希望者のみに配付された。レンストラにメールすると、ファックスでメモ[†77]を送り返すという形だったのだ。

さらに、暗号学の国際会議EUROCRYPT '97で（前述の）ダン・ボネー、リチャード・ドミロー、リチャード・リプトンが、DFAに関するまとまった研究を発表した[†78]。彼らの当時の所属がベルコア（Bellcore）だったため、私の勤務していた会社内では、ベルコアアタックと呼ばれていた。彼らは公開鍵暗号を使ったシステムに対して、攻撃シナリオを示してみせた。

ただし、これらの論文では、具体的にどのような方法で誤動作させればいいかについては、ごく限定的に述べているにすぎなかった。「仮にこれこれのような誤動作を起こすことができれば、攻撃できる」という架空の話なのであった。

しかし、架空の話とはいえ、業界人はこれが単なる机上

の空論であるとは考えなかった。お察しのとおり、レンストラが自身の論文を暗号研究者にしか配付しなかったのは、攻撃があまりに容易だと思われるため、広く一般に公開してしまうと、実際に攻撃を仕掛ける輩が出てくる可能性があったからだ。

誤動作を起こす方法としては、電源の瞬時降圧（昇圧しても誤動作を起こせる可能性はあるが、加減が難しい。やりすぎるとICチップが壊れてしまう。私もいくつか壊したことがある）、異常なクロック信号の入力、電磁波照射、ストロボフラッシュなど、やろうと思えば様々な手段を実行することができる。雷でPCが誤動作することがあるのだから、ICチップの近くで放電（人工的な小さな雷）すれば、誤動作しても何の不思議もない。

● 高速化の代償

特にレンストラのDFAは、アタッカーにとって好都合な条件下で可能だと思われた。その理由を、攻撃技術と共に説明しよう。

CRTを用いたRSA電子署名の処理は、数学的には、次のように書くことができる（より正確には、ガーナー（Garner）の公式を使った処理の場合）。ここで、p, qは秘密の素因数で、S_pは電子署名をpで割った値、S_qは電子署名をqで割った値、Sが電子署名だ。

$$S = S_q + q \cdot (q^{-1} \cdot (S_p - S_q) \bmod p)$$

なお、この式の詳しい意味はわからなくてもよい。重要

なポイントは、この式が、**図94**のような形をしているということだ。

S_p が変わると値が変化する

$$S = S_q + q \times \textcircled{A}$$

図94　ガーナーの公式のポイント

　RSA電子署名の処理を高速化するには、CRTが非常に効果的である。通常のPCで実行すると、速度は約4倍になる。というのは、署名の計算は、大雑把に言うとモジュラスの長さの3乗に比例する。だから、$\mod p$, $\mod q$ で電子署名の計算を行うには、$\frac{1}{2}$ の3乗で、各々 $\frac{1}{8}$ の時間しかかからない。それが2つあっても、$\frac{1}{4}$ の処理時間で済む。最後にこれらを合わせてガーナーの公式で計算する（再結合計算という）のには、ほとんど時間がかからないからだ。ICカードの場合は剰余乗算のコプロセッサ（特定の処理に特化して高速に計算する回路）などがあり、相対的に通常の掛け算、足し算の処理が重くなるため、再結合計算の時間は無視できるほど小さくはないが、それでもかなり高速化できる。私の経験では、それほどチューニングしなくても、2.5倍速（元の処理時間の4割の処理時間）程度にはなる。CRTを使う動機は十分だ。

　レンストラのDFAの説明に、細かい式の計算は不要である。この式で注目すべきは、まず、「秘密」の素因数 q が「あらわに」使われているという点。そして S_p にフォ

ールトが入ったとき、q に掛けられている括弧の中の値は変化するが、S_q には変化がないという点である（図94）。この状況を図にすると、**図95**のようになる。

正常な電子署名 S と、S_p にフォールトが注入された場合の間違った電子署名 S' を比較すると、S_q には変化がない。だから、その差は q の倍数となる。

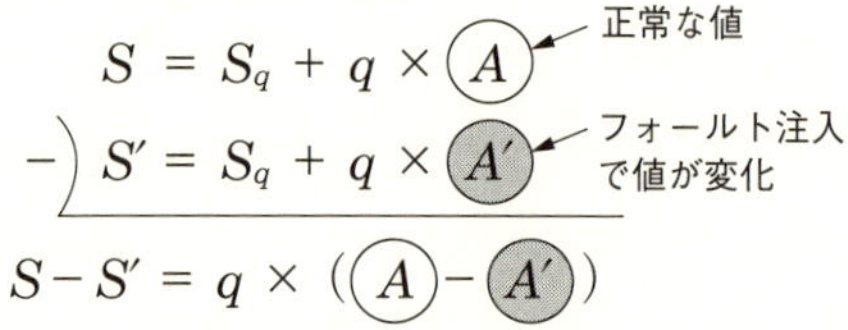

$$
\begin{array}{r}
S = S_q + q \times \boxed{A} \quad \text{正常な値}\\
-)\ S' = S_q + q \times \boxed{A'} \quad \text{フォールト注入で値が変化}\\
\hline
S - S' = q \times (\boxed{A} - \boxed{A'})
\end{array}
$$

図95　レンストラのDFA

つまり、正常な電子署名と間違った電子署名の差を取って、公開モジュラス $N = pq$ との最大公約数を取れば、その最大公約数は見事 q ということになる！　これがレンストラのDFAの基本原理である。

この攻撃は、リアルな脅威だ。攻撃が成功するためには、S_p がどんな値になるかは全く気にしなくてよい。正常な結果と異なる結果になりさえすればよい。ICチップがどんなメカニズムで誤動作するかなど、知る必要がないのだ。

私も実験してみたが、何のアタック対策も施されていない丸腰のICチップは、いともたやすくこの攻撃の餌食となった。

レンストラのDFAは、DFAとしては最も易しいもの

で、ブロック暗号に対するDFAはもっと複雑になることが多い。場合によっては、レジスタ（データを一時格納するメモリ）にレーザー照射するなど、より高度なアタック技術が必要になる。

● DFAからICチップを守る

今度は、ディフェンダー側の立場で考えてみる。DFAからICチップを守る最も直接的な方法には、2度計算して結果を比較する（再計算）とか、逆計算して元のデータに戻るかどうかを調べるといったソフトウェア対策がある。

だが例えば、再計算すると2倍の時間がかかる。せっかく処理を高速化したのに、これでは台無しだ。この種の素朴な対策は、処理時間の制約が強いICカードにはあまり向かない。再計算するにしても、部分的に実行するなどの工夫が必要になる。

例えば、レンストラのDFAに対しては、S_pの計算を2度実行して結果が異なった時にリセットをかけるようにすれば、効果があるだろう。これでも、括弧の中の掛け算処理をしている間にフォールトを注入することもできるから、完璧ではない。だが、S_pの処理時間は比較的長いのでフォールトが入れやすいのに対し、掛け算処理は短時間で終わるので、アタックが困難になる効果はある。

しかし、これは暗号処理に限った話であるし、処理時間が馬鹿にならない。ハードウェア対策が是非とも必要だ。

例えば、多くのICカードには、様々な異常信号ディテクタ（検出器）が搭載されている。異常な電圧、クロック

信号のディテクタ、ストロボフラッシュなどのための光ディテクタが搭載されている。しかし、感度をあまりに上げすぎると、自然に起きるちょっとした異常信号に敏感に反応しすぎてしまい、通常使用に耐えられなくなる。極端なことはできない。

ディテクタは完璧とは言えないが、処理のタイミングをランダムに変動させる「タイミングジッタ」などを組み込めば、アタックの難度はかなり上がる。こうなると、よほど忍耐力と技術力がなければ、DFAを成功させるのは難しいだろう。

● 巨大すぎて見えない敵

1998年4月、メーカーの研究所に配属された私を待っていた最初の仕事は、ポール・コーチャー（**図96**）のタイミングアタックの論文を読んで、事業部に説明することだった。

図96 ポール・カール・コーチャー

この論文は、1996年、暗号と情報セキュリティの最も権威ある国際会議 CRYPTO（クリプト）で発表された[†79]。PCで暗号処理にかかる時間を測定することによって、暗号の秘密鍵を取り出す方法を示したものである。当時、私は計算機の内部構造を十分理解していなかったため、論文を理解するのは簡単なことではなかった。専門の数学で理解できる部分はあるものの、細かい話となる

と雲をつかむような話であった。

タイミングアタックは、ICカードで実際に脅威となりうるアタックではあったが、対策としては処理時間を揃えさえすればよかったこともあり、大問題にまでは発展しなかった。

タイミングアタックはICカードのようなデバイスで特に有効だと考えられていたが、後にデイヴィッド・ブラムリーとダン・ボネー（**図97**）は、「遠隔タイミングアタックは実行可能である（Remote Timing Attacks are Practical）」という論文で、OpenSSL（フリーのSSL）で

図97　ダン・ボネー

実行されたRSA暗号の秘密鍵を取り出してみせ、話題になった。しかし、これは2003年になってからのことだ[†80]。

当時、事業部で話題になっていたのはタイミングアタックだけではなかった。我々の間では、前々節で説明したDFAが問題になりつつあった。が、DFAにかまってはいられなくなるほど、巨大な波がすぐそこまで押し寄せてきていたのだ。

ハードウェアの動きは、一般にデータに依存して変化する。CMOS（シーモス）という半導体素子ではデータが0から1へ、1から0に変化したときに電流が流れる。CMOSインバータと呼ばれる素子で、入力0（V_{in}が低電位）に対して出力1（V_{out}が高電位）、入力1に対して出力0を返すものである（電圧の高低は逆になる場合もある）。

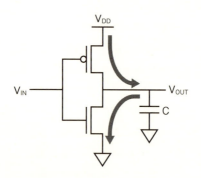

図98　CMOSインバータ

　つまり、データの変化（0から1へ、1から0へ）の総数が、電圧の変化として現れることになる。ICチップ内の素子が消費した電力の総和は、グラウンド線につけた抵抗の両端の電圧を測定すればわかる。時間ごとに変化する電圧は、オシロスコープで測定する。

　私がこの仕事を始めたとき、ゼロイチの違いが測定できるということに回路設計者の多くが懐疑的だった。驚くべきことに。

　「ICチップでは、いくつものパイプライン（処理）が走っている。回路が同時にいっぱい動くわけだ。ゼロイチが見分けられるとは思えない」と言うのだ。パイプライン処理とは、複数の処理を同時に行う仕組みのことである。多くのタスクを限られた時間でこなすため、並列で処理する。いくつものデータ処理が並列で走っているから、処理のたびに電圧が一気にコロコロ変わるので、ゼロイチの差は見えないだろうというのである。

第5章 サイドチャネルアタック

　結論から言えば、電圧の違いはちゃんと見えた。パイプライン処理は確かに多くの回路が並列に動くのだが、ぴったり同時に動くことは稀であり、信号の識別が難しいというほどではなかった。タイミングがズレているのだ。確かに、ノイズが乗っているので測定環境によっては見分けにくいが、後に見るように、データを統計処理することでノイズは消えてしまう[†81]。**図99**は既に市場では使われていないあるICチップの動作電圧（消費電力に比例）の実測値である。先に説明したようにICチップは大雑把に言うと、クロックという信号に従って、命令をフェッチ（命令の取り込み）し、デコード（命令の解読）し、実行する（演算と書き込み）という処理を繰り返している（命令によって違うが、およそこのようなことをしている）。横軸は時間で縦軸が電圧であり、データを0000（0が16個）からFFFF（1が16個）まで、1ビットずつ増やした場合の電圧の変化を重ね合わせたものである（波形は平均化

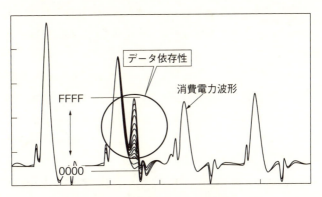

図99　消費電力のデータ依存性

205

してノイズが除去されている)。1の個数に電圧が比例していることがわかる[†82]。

これはノイズも除去されているし、時間方向の攪乱もない理想的なデータであるが、この理想的な結果が、電力解析攻撃の基礎となる。このように直接消費電力を読み取る技術は、SPA（Simple Power Analysis：単純電力解析）と呼ばれることが多い。

● DPA ——差分電力解析——

暗号処理の最中の消費電力にビットパターンが反映するのなら、秘密情報を読み取ることは容易に見えるかもしれない。しかし、図99は、極めて理想的な条件下で観測されたデータだ。実際に攻撃する際は、データにノイズが乗っている上、時間方向の誤差もある。読み取りはそう簡単ではない。私は、あまりに長時間この種の観測データを眺めていたので、しまいにはどのような命令がどのような消費電力パターンとなるか、ある程度読みとれるようになってきたが、それでも何らかの工夫がなければ秘密情報を復元することは難しかった。

1999年8月18日、カリフォルニア大学サンタバーバラ校で開催された国際会議CRYPTO '99で、クリプトグラフィーリサーチ社[†83]のポール・コーチャー、ヨシュア・ヤッフェ、ベンジャミン・ユンは、この難点を突破する画期的な攻撃技術を発表した[†84]。

私はこの国際会議には出席していなかったが、社内では会議よりも前に、いちはやく情報が捉えられていた。論文

第5章 サイドチャネルアタック

と関連資料を睨み、このアタックの原理を理解するのに数日悩んだ。

"Differential Power Analysis"（差分電力解析）──それが彼らの攻撃名だった。略称DPA。まさかこれがICカード業界に決定的な一撃になるとは──。

DPAの原理は次のようなものだ。DESの場合で説明する。DESのF関数の構造（**図100**）を思い出そう。

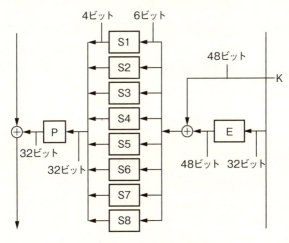

図100　DESのF関数の構造

右の32ビットデータは、拡大置換Eで48ビットに拡大されて48ビットのラウンド鍵Kと排他的論理和された後、6ビットずつ各々S1からS8まで8つのSボックスに入力され、各Sボックスからは4ビットのデータが出力されるのだった。Sボックスに入力される6ビットはラウンド鍵の6ビットと混ぜられているので、各Sボック

スの出力は当然ラウンド鍵によって変化する。

ここで、Sボックスの出力部分に注目する。ICチップでDESのプログラムを動かした場合、Sボックスの処理は1つずつ順番に行われる。

どのSボックスでも話は同じなので、とりあえずS1の出力に注目しよう。電圧は、出力データの1の個数に比例するものとする（これは自然な仮定である）。1の個数は、ハミングウエイトと呼ばれる。すると、例えば、0010はハミングウエイト1、1010と1111のハミングウエイトはそれぞれ2,4となる。オシロスコープに現れる電圧波形は、**図101**のようになるだろう。

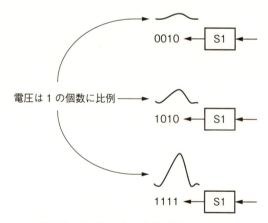

図101　S1ボックスの出力に対応する電圧

これを直接読み取るのはSPAに属するが、仮に電圧からハミングウエイトが読めたとして、それをどうするというのか？　何しろ入力は秘密の鍵に依存しているから、ど

のみち何が何だかわからないのではないか。

ここで知恵が必要である。

問題を解く上で重要なことは、各々のSボックスの入力はわずか6ビット、つまり$2^6=64$通りしかないということである。たったこれだけなら全部試せる。これが第一のポイントだ。

第二のポイントは、頻度分析で活躍した大数の法則である。例えば、サイコロを振って1から6までデタラメに数字を並べて平均すると、数字の個数が多くなればなるほど、出目の平均$(1+2+3+4+5+6)÷6=3.5$に近づいていく、というやつだ。この性質を使うと、信号のノイズを落とすことができる。デジタルオシロスコープにはアベレージング（あるいはスイーピング）という機能があり、波形データの平均を取ることで、ノイズを消すことができる。電気系の大学生なら常識に属する事柄だ。

コーチャーたちは、この2つを利用して、推定した鍵の6ビットが正しいかどうかを判別する方法を考えたのである。

今、DESの第一ラウンドのS1ボックスの鍵を当てることを考える。平文は、アタッカーにとっては既知の値だ。だから、「鍵を仮定すれば」、S1ボックスへの入力値が計算できる。入力がわかれば、出力値も計算できる。先に見たように、入力が110110であれば、出力は7＝0111となる。この一番下の（最下位の）ビットに注目すると、それは1である。入力を変えると、それに応じて最下位のビットが1であるか0であるかが変わってくる。

最下位ビットに注目するのは話を具体化するためで、他のビットでもかまわない。この値を「選択関数」と呼ぶ。

鍵の6ビット（簡単のため、これをKと書く）を予想する。Kを決めれば、S1ボックスの選択関数の値が1であるか0であるかが計算で決まる。たくさんのランダムな平文をICチップで暗号化させ、選択関数が1であるか0であるかで消費電力波形を2つのグループに分ける。そして、分けたグループの電力波形の平均を取るのである。さあ、ここで何が起きるか。

予想した鍵Kが正しかったとしよう。このとき、最下位ビットの予想は常に正しいのであるから、最下位ビットが1の波形と0の波形に正しく分類されている。最下位ビットが1に分類されている波形の消費電力は、0に分類されている波形の消費電力よりも、「常に」1ビット分だけ大きい。多数の平文に対して平均を取れば、大数の法則によってノイズは除去され、1ビットの電圧の差がはっきりと現れることになる（**図102**）。

一方、鍵Kの予想が間違っていたとしよう。このとき、選択関数の値は1と予想したのに0のこともあれば1のこともある。確率は五分五分なので、平均化すると0と1の中間の電圧に収束し、同じ高さになってしまう（**図103**）。

とすれば、選択関数が1のグループと0のグループの差（差の絶対値）が0に近いか1ビット分の消費電力に近いかを見れば、秘密鍵Kの予想が正しいか間違っているかがわかることになる！　この選択関数が1のデータと

第5章 サイドチャネルアタック

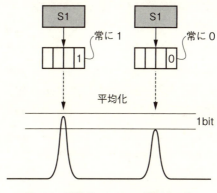

図102 正解だったときの波形の平均

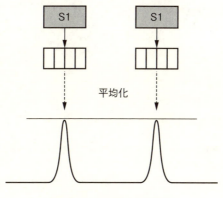

図103 不正解だったとき

0のデータの差を、「DPAトレース」と呼ぶ。消費電力波形をデジタルデータとしてPCの中にためておけば、DPAトレースの計算は、オフラインでいくらでもできることになる。

図104は、AESに対して選択関数を作って、DPAのシミュレーションをしたものである。15から50まで目盛りが打ってある軸は時刻で、0から60まで目盛りの数字が打ってある軸が鍵の値（AESのSボックスは8ビットなので256通りあるが、見づらいので60で切ってある）、高さが電圧を表している。この例では、正解鍵の8ビットは00000001である。左隅の部分にひときわ高く立っている部分があるが、これが求めたい秘密鍵に対応する。

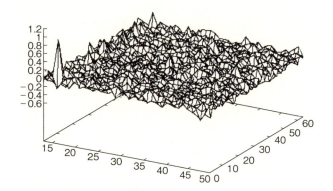

図104　AESに対するアタックシミュレーション

　他の鍵を推定した場合は、波形が平均化によって潰れてしまい、目立ったピークが現れていないことがわかるだろう。このようにして全てのSボックスに対してDPAトレースを計算することで、秘密鍵を明らかにしていくのである。これがDPAだ。

● 素朴な対策が効かない！

　DPA の原理はわかった。当時の私はディフェンダーであるから、対策を考えなければならない。

　最初に考えたのは、単純に電圧のノイズを大きくする回路（ノイズジェネレータ）を組み込んで効果を高める方法だ。ノイズを増やせばそれだけ DPA が困難になるかもしれない。これは SN 比（信号とノイズの比）を下げるので、シングルショットの波形に対する SPA を妨害する効果がある。

　しかし、ノイズを無制限に大きくすることは供給電力上無理があるし、仮にノイズをかなり大きくできたとしても、他の回路や回路内部の信号に悪影響がある[*]。DPA を困難にするのに必要なノイズの値を手計算して、あまりの大きさに頭を抱えた。ありえないほど大きかったからだ。DPA では、波形の平均を取る。大数の法則の平均化効果の前では、ちょっとしたノイズなど焼け石に水なのだ。それに、ノイズは一般に高周波の信号なので、ローパスフィルタ（高周波部分をカットする回路ないしソフトウェア）を通すと、効果が弱まってしまう。

　次に考えたのは、8 個ある S ボックスの処理の順序をランダムに組み替えたらどうかということだった。通常は S1, S2, …, S8 の順に処理するところを、S5, S4, S8, S1, S3, S6, S2, S7 などのように、毎回ランダムに変えて処理

---

[*] 電気回路をご存じの方は伝送線路間のクロストークを想像されるとよいと思う。

するのである。

　これは簡単な順列組み合わせの問題だ。8個のSボックスの並べ方は、8の階乗＝$8 \times 7 \times 6 \times 5 \times 4 \times 3 \times 2 \times 1 =$ 40320通りになるではないか。これなら十分な対策になるかもしれない。事実上、これでDPAは不可能になるのではないか？

　しばらくしてわかった。効果はゼロではないが、アタックが不可能になるわけではないことが。冷静に考え直して気付いたのは、次のようなことだ。

　まずは、S1ボックス部分のDPAトレースを計算することを考える。ところが、Sボックスの処理がランダムに組み替えられているので、S1ボックス処理の消費電力波形と思っていた部分がS8ボックスの処理になっているかもしれない。

　しかし、逆に言えば、$\frac{1}{8}$の確率でS1ボックスの処理が行われることになる。その他のSボックスの処理はノイズのようなものだから、平均化で消えてしまうことになる。つまり、通常の処理でS1ボックス出力部の1ビットを区別するのに必要なサンプルサイズが100だとすると、並べ替え対策でサンプルサイズは8倍の800になるだけなのだ。確かに効果はあるが、DPAは相変わらず有効である。この性質は、時間方向のランダム化による対策全てに当てはまる。

　すぐに出来そうな対策をあれこれ考えてみたが、どれもDPAトレースの平均化効果の前ではご利益は限定的であった。DPAに対する抜本的な対策はそう簡単ではないと思

い知ることになった。DPAを理解するというのは、こういう苦しいプロセスを経ることでもあったのだ。

さて、ICカード業界がこうした思案を巡らしている頃、クリプトグラフィーリサーチ社では、既にDPA対策の特許出願を仕込んでいた。ライセンスとコンサルティングで儲けるためである。ICカードチップのベンダーに話を持ちかけ、高額のライセンス料とコンサルティング料を請求する。これが彼らのビジネスであり、勝てると踏んだコーチャーの勝負勘は正しかった。

● 鉄壁の防衛が最強の攻撃になる

対策技術には、大きく分けてハードウェア対策とソフトウェア対策がある。時間軸のランダム化は、DPAでトレースのピークを見分けるために必要となる波形データのサンプルサイズを増やす効果があるので、これをハード的に実装することは意味がある。これがタイミングジッタと呼ばれる技術である。

他にも、信号線のゼロイチの変化がいずれの場合も同じ消費電力になるよう、つまり常に一定となるように、2本のバスラインを走らせる方法もある。一方を0、一方を1にして、01は0、10は1とするわけである（逆の場合もある）。これはデュアルレールエンコーディングと呼ばれる技術である。インフィニオン（ドイツの半導体メーカー。シーメンス社の半導体部門が独立したもの）の技術者の研究発表[†85]によれば、マニュアルで微調整しているという。一般にこの種の配線はソフトウェアで自動的に行う

のだが、それをせずに手作業でやっているという意味だ。職人芸の世界である。実際には差を完全にゼロにすることはできないし、チップごと、ウエハごとのバラツキもある。

　バスラインの信号をランダム化することも効果があるが、これも消費電力のデータ依存性をゼロにはできない。暗号化回路を通す前の信号は生だからだ。

　暗号の秘密鍵を守るだけであれば、ソフトウェア対策の方が遥かに有効である。例えばDESのようなブロック暗号の場合なら、途中でデータに乱数を排他的論理和して処理する方法は有効である。問題はSボックスだが、ここはちょっとした工夫で辻褄が合うようにできる。RSA暗号のように数学的な構造があるものは、数学的にデータの暗号化ができる。いわば「暗号処理の暗号化」である。これをマスキングという。

　ところが、コーチャーはさらなる罠を仕掛けていた。単にランダム化するだけでは、高階DPA（High-Order DPA）の餌食になってしまう。それを避けるために、もう一段乱数をかませなければならないのだ。ディフェンダーとしては畜生めというところだが、いかにも用意周到で、敵ながら見事というしかない。とにかく、これが暗号ビジネスなのだから。

　暗号業界は、一事が万事この調子だ。だから、徹底的に対策技術を考えたとしても、攻撃が不可能になる、などと能天気なことは言えない。完璧なセキュリティなどありはしない。だが現在のアタックを知り尽くすことなく、ディ

第5章　サイドチャネルアタック

フェンスなどできるはずもない。

　今も、私を含め多くのセキュリティ研究者がサイドチャネル攻撃と防衛技術を研究しており、膨大な研究成果がICチップのセキュリティ技術として製品の中に組み込まれている。もちろん、ほとんどの人はそんなことを少しも気にしたことがないに違いない。しかし、その背後には、アタッカーとディフェンダーの壮絶な闘いがある。

巻末注

†1　参考文献[Klein2013]

†2　参考文献[MS2001]

†3　参考文献[寺村ほか2008]

†4　参考文献[BKLPPRSV2007]

†5　「Sボックス」→「ラウンド鍵との排他的論理和」→「転置処理」までを1ラウンドと呼ぶこともあれば、「ラウンド鍵との排他的論理和」→「Sボックス」→「転置処理」を1ラウンドと呼ぶこともある。例えばPRESENTでは後者を1ラウンドと呼んでいる。後に触れるAESでは最後のラウンドだけ処理が少ないなど、細かい違いがある。入力側の排他的論理和と出力側の排他的論理和は区別されることもある。これらは漂白処理(ホワイトニング)と呼ばれ、暗号の解読を困難にするために使われる。

†6　当時はNBS(National Bureau of Standards)と呼ばれていた。現在のアメリカ国立標準技術研究所NIST(National Institute of Standards and Technology)にあたる。

†7　原論文は[BS1990]、詳しい説明は[スティンソン1996]にある。

†8　参考文献[Coppersmith1994]

†9　参考文献[BS1991]

†10　参考文献[MY1992]

†11　参考文献[Matsui1993]

†12　2乗というのは正規分布の近似式からくる。M^2個集めれば最尤推定(統計学の概念で、確率最大のパラメータを推定値とする)による鍵ビット推定の成功率は97.7%となる。この部分の説明は[Anderson2008]を参考にしている。

†13　参考文献[Todo2015]

†14　Serpent was another AES finalist. It is built like a tank. Easily the most conservative of all the AES submissions, Serpent is in many ways the opposite of AES. Whereas AES puts emphasis

on elegance and efficiency, Serpent is designed for security all the way.〔FSK2011〕より。

†15 ここではPythonのhashlibというライブラリを利用した。

†16 参考文献〔Merkle1979〕

†17 参考文献〔Merkle1989〕〔Damgård1989〕

†18 Luby-Rackoffの定理等による。正確にはF関数が疑似ランダム関数であれば、3段フェイステル暗号は疑似ランダム関数となる。詳しくは参考文献〔LR1988〕を参照されたい。

†19 参考文献〔BCK1996〕

†20 参考文献〔FIPS202〕

†21 より正確には、$1.18\sqrt{n}$個のメッセージを集めると確率50%で衝突が起きる。$\sqrt{n}$個だと約40%の確率になる。

†22 チャレンジなしで、単純にパスワードをハッシュするだけだと、攻撃はさらに簡単である。よくあるパスワードとそのハッシュ値をあらかじめ計算しておき（これをレインボーテーブルという）、一致するものを探すことでパスワードを推定できるからだ。Aircrack、Cain and Abel、John the Ripperなどのパスワード破りのツールも出回っている。このツールを使って自分のパスワードが危険かどうかを調べることができる。

†23 参考文献〔SNKO2007〕〔SYA2007〕〔SWOK2007〕

†24 参考文献〔SWOK2008〕

†25 参考文献〔DH1976〕

†26 $(p-1)(q-1)$の代わりに$p-1$と$q-1$の最小公倍数とする流儀もあるが、本質的な違いはない。

†27 参考文献〔RSA1977〕

†28 じつは、$C = M^2 \bmod N$としても暗号化ができる。これはラビン暗号〔Rabin1979〕と呼ばれるもので小型の暗号装置向けに注目されている。ただし、ラビン暗号では一通りに復号できない。Nが2つの素数から成る場合、復号すると4通りの平文候補ができてしまう。この場合、別の識別情報が必要になる。

†29 本書では扱わないが、ラビン暗号〔Rabin1979〕などで、$ax+b$（xは

整数で、aとbは互いに素な整数)の形をした素数の割合が問題となることがあり、こちらは算術級数の素数定理というもので評価できる。算術級数の素数定理によれば、上記の形の素数の割合は、素数定理で得られた割合の$\phi(a)$分の1である。ここで$\phi(a)$はaと互いに素な1以上a未満の整数の個数である。ちなみにラビン暗号で必要になるのは$a=4, b=3$の場合である。この場合$\phi(4)=2$となる。

†30 とはいえ、ICカードなどハードウェアリソースや電力供給が限られたデバイスで素数を生成するには様々な工夫が必要となり、現在も研究が進んでいる。

†31 実際の素数判定をやってみた人は、この確率は大きすぎるように感じられるかもしれない。つまり、一度でもテストを通過したら、その数はほぼ間違いなく素数だ。しかし、確率評価の証明を読むと適当に条件を付けるにしても1/4より小さい誤判定確率にすることは極めて難しいことがわかる。

†32 参考文献[AKS2004]

†33 実際には鍵をそのまま暗号化すると危険なため、乱数と並べるなどのパディング処理を行う必要がある。

†34 数論で重要な仕事をしたが、ライフゲーム(生命の誕生や進化を模したシミュレーションゲーム)を考案したことでも有名。

†35 RSA因数分解チャレンジコンテストは2007年に終了している。RSAセキュリティ社は、解読のコストが十分高ければ実用上の安全性が確保できることが広く認識されたと考えているとのこと。

†36 参考文献[Kleinjung et al.2010]

†37 これは情況証拠からの推定である。通常は素因数p, qの長さは同じなので、モジュラス全体の長さは偶数になるはずである。奇数ビットになっていることには違和感がある。素数のサイズが揃っていなかったのだろう。

†38 本書執筆中の2017年2月23日(米国時間)、Googleは「Google Online Security Blog: Announcing the first SHA1 collision」において、SHA1の衝突を発見したと報告した。

†39 実際にはマイナンバーカードを持っているだけでは証明にはならな

いので、アタッカーは暗証番号も破る必要がある。暗証番号は「署名用電子証明書用」「利用者証明用電子証明書用」「住民基本台帳用」「券面事項入力補助用」の4種類必要になる。署名用の暗証番号は英数字で6文字以上、その他は4桁の数字である。ここは暗証番号を忘れた場合の対策の不備がセキュリティホールになりうる。

†40 参考文献[PP2015]

†41 これは管理の仕方による。カードを発行する際に秘密の素因数を生成する必要があるが、このデータがサーバにあれば秘密鍵を生成できるので、署名を偽造できる。

†42 もっと本質的なことを言えば、マイナンバーが分散していることの方がはるかに大きな問題である。筆者は物書きなので、多数の出版社と取引があるが、それぞれからマイナンバーをたずねられた(もちろん勤務先からも)。各々から流出する確率は小さくても、多数になれば危険性は大きくなる。

†43 参考文献[HDWH2012]

†44 これは数学的には $5x+3y=1$ の整数解を求めているのと同じである。このような方程式を(一次)不定方程式というが、一般に拡張ユークリッド互除法というアルゴリズムで高速に解を求めることができる。

†45 スウェーデン生まれの計算機科学者で、計算理論、暗号理論で多くの顕著な業績がある。1994年と2011年にゲーデル賞を受賞している。

†46 もし最大公約数が1でなければ、公約数は素因数であり、その場合はモジュラスが因数分解できることになり、もっと直接的に暗号解読できる。

†47 参考文献[BD1998]

†48 LLLを改良したBKZ, RSRというアルゴリズムも知られているが、本質的な違いはない。

†49 超楕円曲線暗号というものを考えることもあるが、通常の楕円曲線暗号の拡張概念であり、抽象度は上がるものの本質的な違いはない。

†50 参考文献[Miller1985][Koblitz1987]

†51 $4a^3+27b^2 \neq 0$ という条件を入れて考える。この条件は、楕円曲線が

折れ曲がっていたり、自分自身と交わったりしないための条件である。一般に、楕円曲線暗号を実装する場合には、射影座標、ヤコビ座標のような特殊な座標系を使って考えることが多い。これは割り算なしで計算がうまくいくようにするための工夫と思えばいいが、煩雑になるので、本書では詳細は割愛する。

†52 数学者は有限体(finite field)という言葉を使う傾向があり、暗号学者は、ガロア体(Galois field)という言葉を好むように見える。表現は違うが同じ代数系を指している。

†53 素体の上で楕円曲線を考えるときは、代数的な理由で$GF(p)$, $p>3$とする必要がある。また、先に巻末注で仮定した、$4a^3+27b^2 \neq 0$という条件は、$4a^3+27b^2$がpで割り切れないという条件になる。

†54 ここではソニー製品に対する実装ミスを紹介している。誤解しないでもらいたいが、私はソニーを愛している(元日立社員だが)。身の回りはソニー製品だらけだ。好きなものについてはよく知りたいと思うのが人情である。

†55 彼が成功したのは、SIMで通信事業者を縛る設定を解除した(SIMフリーにした)ということであり、このジェイルブレイクによりiPhoneが経由する通信事業者としてAT&T以外の事業者を自由に選べるようになった。

†56 発明者は、サトシ・ナカモトと名乗る謎の人物である[Nakamoto 2008]。2017年現在では、本当の正体はわかっていない。正体を詮索するのは面白いが、技術とは関係ないので、ここではこれ以上触れない。また、暗号通貨は仮想通貨と呼ばれることもあるが、英語圏ではcryptocurrencyと呼ぶのが一般的なので、本書では暗号通貨で統一する。

†57 より正確には、ハッシュ値が「ターゲット」と呼ばれる数よりも小さくなるようなナンスを見つけるということ。ターゲットの値は2のべき乗の形とは限らない。ここでは話を単純化するためにゼロの個数だけで説明しているが、実際にはもっと細かい調整ができる[ナラヤナンほか2016]。

†58 本文では話が複雑になることを避けるため詳細を書かなかったが、

マイナーが解いているパズルは通常全く同じではない。ブロックに組み込まれる取引はマイナーによって異なるのが普通である。また全く同じ取引を操作している場合でも、マイナーが報酬の宛先に自分のアドレスを指定し、これがブロックのデータに反映するので、公開鍵を共有しない限り2人のマイナーが同じ問題を解くことはない。ただし、複数のマイナーが協力してマイニングを行うマイニングプールと呼ばれる仕組みでは同一の問題を解くことになる[ナラヤナンほか2016]。

†59　ビットコインでは2016ブロックごとに難易度が調整される。そのためにかかる時間はおよそ2週間である。難易度調整の公式は、「次の難易度＝前の難易度×2016×10（分）÷最新の2016ブロックのマイニングにかかった時間」である。2016は2週間が24時間×14日間×60分＝2016×10分であることからきている。詳細は、[ナラヤナンほか2016]を参照されたい。

†60　ブロックの承認にはどうしても10分程度の時間がかかるため、そのままでは即時決済には向かない。しかし、間に決済サービスを提供する企業を介在させることで即時決済が可能になる（そのためにはもちろんコストがかかる）。

†61　報酬は210000ブロックごとに半減し、6929999番目のブロックでマイニング報酬は終了する。

†62　ただし、ソフトウェアの盲点を突いてマイニングなしに不正送金できることはありうる。マウントゴックスというビットコインの両替所が破綻した理由のひとつにトランザクション・マレアビリティ攻撃と呼ばれるビットコインの取引を記述する言語（ビットコインスクリプト）のバグを利用した不正送金があった。その学術的詳細は、例えば、文献[DW2014]等にある。BIP141 segwit styleと呼ばれる形式で記述すればこの攻撃はできなくなる。ビットコインスクリプトについては[アントノプロス2016]が詳しい。

†63　じつはうまくやると41％でも可能である。詳細は、[ES2014][SS2016]を参照のこと。

†64　アドレスの仕様の詳細はビットコインの原理を理解するためには必

要ではないが、ここで簡単に述べておく。ECDSAにおける公開鍵は楕円曲線上の点であった。そのx座標とy座標をこの順に並べて先頭に1をつけ、さらにハッシュ関数SHA256を通した後に別のハッシュ関数RIPEMD160に通した値の先頭に1をつけ、それにチェックサム4バイト（SHA256を2回通したハッシュ値の先頭4バイト）を後ろにつけたものをBase58checkという形式にしたもの。

†65 ただし、アドレスが変わらなければ、間接的な情報からアドレスの持ち主を同定できる場合もある。例えば、取引時刻を観察して、アドレスの持ち主の活動時間を推定し、居住地域を絞ることができる。あるTwitterユーザーが取引と同じ時間帯につぶやいているというような情報からも本人が同定される可能性がある。ビットコインアドレスは原理的にはいくらでも作れる[野口2014]ので、複数のアドレスを使うことで同定されるリスクを下げることができる。

†66 そのため、鍵を分割して保管するなどの対策が取られることもある[ナラヤナンほか2016]。これは秘密分散と呼ばれる情報セキュリティ技術と関係する（例えば[スティンソン1996]に基本的な仕組みが書かれている）が、本書では割愛する。

†67 イーサリアムの取引を記述する言語は、Solidityが一般的である。イーサリアムの概要は、例えば[馬渕監修2016]5-1にある。

†68 ポラードの方法は原理的にはどんな離散対数問題にも適用できるが、mod pにおける離散対数問題についてはさらに高度な指数計算法（index calculus）と呼ばれる準指数時間のアルゴリズムが知られている。楕円曲線上の離散対数問題に対しても指数計算法の類似が考えられている[FPPR2012]。

†69 多くの文献ではモジュラスNの自然対数で$e^{(c+o(1))(\log_e N)^{1/3}(\log_e \log_e N)^{2/3}}$のように書かれているが、ここではサイズ$n$の関数として表した。$n = \log_2 N$として定数を調整すれば同じ式になる。

†70 じつは、うまくアルゴリズムを工夫するともっと計算量を減らせることが知られている。例えばKaratsuba法という方法では、$n^{1.585}$の計算量で掛け算できる。

†71 この業績は、極めて優れたものであるが、理解できないほど難しい

わけではなく、大学2、3年生レベルの数学の知識（初等整数論と初歩の代数、離散フーリエ変換、ちょっとした確率の知識）と量子力学の基礎知識と根気があれば理解できるものだ。

†72 NSA worried that quantum computing will foil the cryptography protecting all data to date, By Mary-Ann Russon, August 24, 2015 12:51 BST

†73 格子の外の点に最も近い格子点を探す問題を最近ベクトル探索問題（CVP）といい、暗号に応用されるが、ここではSVPに話を限る。

†74 この他にも、例えばLWE（Learning with Errors）という、秘密情報に関する（線形な）近似列が与えられたときに、秘密情報を復元する問題も有力候補である。

†75 参考文献[Ajtai1998]

†76 この事情は複雑であり、ランダム簡約の概念を理解する必要がある。詳しくは、例えば、[MG2006]を参照されたい。

†77 内容は[Lenstra1996]と同じ。

†78 参考文献[BdML1997]

†79 参考文献[Kocher1996]

†80 参考文献[BB2003]

†81 実際の攻撃では、ウォッチドッグタイマー（システムが正常動作しているかどうかを調べるため定期的に動作するタイマー）やその他の時間方向の攪乱要因も考慮する必要があるが、話が複雑になりすぎるので本書では割愛する。

†82 奈良先端科学技術大学院大学の林優一教授によると、0000から0001に変わるときの変化が一番大きいという実験的結果が知られているとのこと。ここでは話の単純化のために変化ビット数に正比例するものとして説明する。

†83 Cryptography Research Inc.はコーチャーらが設立したセキュリティ会社。2011年に3億4250万USドルでRambusに買収された。http://www.pcworld.com/article/227797/article.html

†84 参考文献[KJJ1999]

†85 CHES 2006におけるMarco Bucci氏の発表による。

参考文献

【日本語】

[アントノプロス2016] アンドレアス・M・アントノプロス著、今井崇也・鳩貝淳一郎訳『ビットコインとブロックチェーン』、NTT出版(2016)

[スティンソン1996] Douglas R. Stinson著、櫻井幸一監訳『暗号理論の基礎』、共立出版(1996)

[寺村ほか2008] 寺村亮一、曽谷紀史、仲神秀彦、朝倉康生、大東俊博、桑門秀典、森井昌克「WEPの現実的な鍵導出法(その2)」、コンピュータセキュリティシンポジウム2008(CSS2008)、pp.421-426(2008)

[ナラヤナンほか2016] アーヴィンド・ナラヤナン、ジョセフ・ボノー、エドワード・W・フェルテン、アンドリュー・ミラー、スティーヴン・ゴールドフェダー共著、長尾高弘訳『仮想通貨の教科書』、日経BP(2016)

[野口2014] 野口悠紀雄『仮想通貨革命』、ダイヤモンド社(2014)

[馬渕監修2016] ビットバンク株式会社&『ブロックチェーンの衝撃』編集委員会、馬渕邦美監修『ブロックチェーンの衝撃』、日経BP(2016)

[MG2006] D.ミッチアンチオ、S.ゴールドヴァッサー著、林彬訳『暗号理論のための格子の数学』、シュプリンガー・ジャパン(2006)

[PP2015]「個人番号カードプロテクションプロファイル第1.00版」、地方公共団体情報システム機構(2014)

【英語】

[Ajtai1998] M. Ajtai, The Shortest Vector Problem in L_2 is NP-hard for Randomized Reductions(Extended Abstract), in proceedings of the 30th Annual ACM Symposium on Theory of Computing, pp.10-19 (1998).

[AKS2004] M. Agrawal, N. Kayal, N. Saxena, PRIMES is in P, Annals of Mathematics 160(2), pp.781-793(2004).

[Anderson2008] R. J. Anderson, Security Engineering: A Guide to

Building Dependable Distributed Systems, 2nd edition, John Wiley & Sons(2008).

[BB2003] D. Brumley, D. Boneh, Remote timing attacks are practical, USENIX Security Symposium, August 2003.

[BCK1996] M. Bellare, R. Canetti, H. Krawczyk, Keying Hash Functions for Message Authentication, Advances in Cryptology - CRYPTO '96, LNCS 1109, pp.1-15(1996).

[BD1998] D. Boneh and G. Durfee, Cryptanalysis of RSA with private key d less than $N^{0.292}$, IEEE Transactions on Information Theory 46(4), pp.1339-1349, Extended abstract in proceedings of EUROCRYPT '98 (2000).

[BdML1997] D. Boneh, R. DeMillo, and R. Lipton, On the importance of checking cryptographic protocols for faults, Journal of Cryptology, Springer-Verlag 14(2), pp.101-119, Extended abstract in proceedings of EUROCRYPT '97(2001).

[BKLPPRSV2007] A. Bogdanov, L. R. Knudsen, G. Leander, C. Paar, A. Poschmann, M. J. B. Robshaw, Y. Seurin, C. Vikkelsoe, PRESENT: An Ultra-Lightweight Block Cipher, Cryptographic Hardware and Embedded Systems - CHES 2007, LNCS 4727, pp.450-466(2007).

[BS1990] E. Biham, A. Shamir, Differential Cryptanalysis of DES-like Cryptosystems, Advances in Cryptology - CRYPTO '90, LNCS 537, pp.2-21(1991).

[BS1991] E. Biham, A. Shamir, Differential Cryptanalysis of Feal and N-Hash, EUROCRYPT '91, LNCS 547, pp.1-16(1991).

[Coppersmith1994] D. Coppersmith, The Data Encryption Standard (DES) and its strength against attacks, IBM Journal of Research and Development 38(3), pp.243-250(1994).

[Damgård1989] I. Damgård, A Design Principle for Hash Functions, Advances in Cryptology - CRYPTO '89, LNCS 435, pp.416-427(1990).

[DH1976] W. Diffie and M. E. Hellman, New Directions in Cryptography, IEEE Transactions on Information Theory IT-22(6), pp.644-654(1976).

[DW2014] C. Decker, R. Wattenhofer, Bitcoin Transaction Malleability and MtGox, Computer Security - ESORICS 2014, LNCS 8713, pp.313-326(2014).

[ES2014] I. Eyal, E. G. Sirer, Majority is not enough: Bitcoin mining is vulnerable, International Conference on Financial Cryptography and Data Security(FC2014), LNCS 8437, pp.436-454(2014).

[FIPS202] NIST, SHA-3 Standard: Permutation-Based Hash and Extendable-Output Functions, FIPS 202(2015).

[FPPR2012] J. C. Faugère, L. Perret, C. Petit, G. Renault, Improving the complexity of index calculus algorithms in elliptic curves over binary fields, in proceedings of EUROCRYPT 2012, LNCS 7237, pp.27-44(2012)

[FSK2011] N. Ferguson, B. Schneier, T. Kohno, Cryptography Engineering: Design Principles and Practical Applications, Wiley (2011).

[HDWH2012] N. Heninger, Z. Durumeric, E. Wustrow, J. A. Halderman, Mining Your Ps and Qs: Detection of Widespread Weak Keys in Network Devices, In Proc. 21st USENIX Security Symposium, Aug. 2012, Rev.2 July 11(2012).

[JT2012] M. Joye (ed.), M. Tunstall(ed.), Fault Analysis in Cryptography, Springer(2012).

[KJJ1999] P. Kocher, J. Jaffe, and B. Jun, Differential power analysis, in proceedings of Advances in Cryptology - CRYPTO '99, pp.388-397 (1999).

[Klein2013] A. Klein, Stream Ciphers, Springer(2013).

[Kleinjung et al.2010] T. Kleinjung, K. Aoki, J. Franke, A. K. Lenstra, E. Thomé, J. W. Bos, P. Gaudry, A. Kruppa, P. L. Montgomery, D. A. Osvik, H. te Riele, A. Timofeev, P. Zimmermann, Factorization of a 768-Bit RSA Modulus, Advances in Cryptology - CRYPTO 2010 LNCS 6223, pp.333-350(2010).

[Koblitz1987] N. Koblitz, Elliptic curve cryptosystems, Mathematics of Computation 48(177), pp.203-209(1987).

[Kocher1996] P. Kocher, Timing attacks on implementations of diffiehellman, RSA, DSS, and other systems, Advances in Cryptology - CRYPTO '96, pp.104-113(1996).

[Lenstra1996] A. K. Lenstra, Memo on RSA Signature Generation in the Presence of Faults, Manuscript, Sept. 28 1996. Available from the author at arjen.lenstra@citicorp.com.

[Leurent2007] G. Leurent, Message Freedom in MD4 and MD5 Collisions: Application to APOP, Fast Software Encryption - FSE 2007, LNCS 4593, pp.309-328(2007).

[LR1988] M. Luby, C. Rackoff, How to Construct Pseudorandom Permutations from Pseudorandom Functions, SIAM Journal on Computing, 17(2), pp.373-386(1988).

[Matsui1993] M. Matsui, Linear Cryptanalysis Method for DES cipher, Advances in Cryptology - EUROCRYPT '93, LNCS 765, pp.386-397 (1994).

[Merkle1979] R. C. Merkle, Secrecy, authentication, and public key systems. Stanford Ph.D. thesis(1979).

[Merkle1989] R. C. Merkle, A Certified Digital Signature, Advances in Cryptology - CRYPTO '89, LNCS 435, pp.218-238(1990).

[Miller1985] V. Miller, Use of elliptic curves in cryptography, Advances in Cryptology - CRYPTO '85, LNCS 218, pp.417-426(1985).

[MO2010] S. Mangard, E. Oswald, Power Analysis Attacks: Revealing the Secrets of Smart Cards, Springer US(2010).

[MS2001] I. Mantin and A. Shamir, A practical Attack on Broadcast RC4, FSE, LNCS 2355, pp.152-164(2001).

[MY1992] M. Matsui, A. Yamagishi, A New Method for Known Plaintext Attack of FEAL Cipher, EUROCRYPT '92, LNCS 658, pp.81-91 (1993).

[Nakamoto2008] S. Nakamoto, Bitcoin: A Peer-to-Peer Electronic

Cash System, https://bitcoin.org/bitcoin.pdf(2008).

[Rabin1979] M. Rabin, Digitalized Signatures and Public-Key Functions as Intractable as Factorization, MIT-LCS-TR-212(1979).

[RSA1977] R. L. Rivest, A. Shamir, L. M. Adleman, A Method for Obtaining Digital Signatures and Public-Key Cryptosystems, MIT-LCSTM-082(1977).

[Shin2017] L. Shin, 1 Bitcoin Is Now Worth More Than An Ounce Of Gold, Forbes, March 2 2017.

[SNKO2007] Y. Sasaki, Y. Naito, N. Kunihiro and K. Ohta, Improved Collision Attacks on MD4 and MD5, IEICE TRANSACTIONS on Fundamentals of Electronics, Communications and Computer Sciences E90-A(1), pp.36-47(2007).

[SS2016] A. Sapirshtein, Y. Sompolinsky, A. Zohar, Optimal Selfish Mining Strategies in Bitcoin, International Conference on Financial Cryptography and Data Security(FC2016), LNCS 9603, pp.515-532 (2016).

[SWOK2007] Y. Sasaki, L. Wang, K. Ohta, N. Kunihiro, Extended APOP Password Recovery Attack, in the presentation of rump session of FSE 2007(2007).

[SWOK2008] Y. Sasaki, L. Wang, K. Ohta, N.Kunihiro, Security of MD5 Challenge and Response: Extension of APOP Password Recovery Attack, Topics in Cryptology - CT-RSA 2008, LNCS 4964, pp.1-18(2008).

[SYA2007] Y. Sasaki, G. Yamamoto, and K. Aoki, Practical Password Recovery on an MD5 Challenge and Response, Cryptology ePrint Archive, Report 2007/101.

[Todo2015] Y. Todo, Integral Cryptanalysis on Full MISTY1, Advances in Cryptology - CRYPTO 2015, LNCS 9215, pp.413-432(2015).

[Wiener1990] M. Wiener, Cryptanalysis of short RSA secret exponents, IEEE Transactions on Information Theory 36, pp.553-558 (1990).

画像クレジット

[図13] MFO
[図14] IBM
[図28] IACR
[図29] 日経BP社
[図38] ITmedia ビジネスオンライン
[図55] Mary Holzer / Matt Crypto
[図63] MFO
[図65] THANE PLAMBECK
[図73] Simon Law
[図76] Business Wire
[図87] fail0verflow
[図90] Lulie Tanett
[図96] Rambus.com

索 引

アルファベット

A5/1 ……………………… 31
AES ……………………… 63
AKS アルゴリズム ……… 114
APOP …………………… 95
Camellia ………………… 62
CBC-MAC ……………… 88
CBC モード ……………… 68
CRT ……………………… 144
CTR モード ……………… 70
DES ……………………… 47
DFA ……………………… 197
DH 鍵交換 ……………… 100
DNS スプーフィング …… 118
DPA ……………………… 206
ECB モード ……………… 67
ECDSA ………………… 167
FEAL …………………… 59
F 関数 …………………… 48
GSM …………………… 31
HMAC …………………… 91
IC カード乗車券 ………… 71
KASUMI ………………… 62
Keccak ………………… 91
KSA ……………………… 32
LFSR …………………… 30
MARS …………………… 64
MD5 …………………… 79
MISTY …………………… 62

P≠NP 予想 …………… 188
POP3S ………………… 98
PRESENT ……………… 42
PRGA …………………… 32
RC4 ……………………… 32
RC6 ……………………… 64
Rijndael ………………… 64
RSA 暗号 ……………… 101
Serpent ………………… 63
SIM カード ……………… 71
SPA ……………………… 206
SP ネットワーク ………… 43
SSL ……………………… 128
SVP ……………………… 187
S ボックス ……………… 42
TLS ……………………… 128
Twofish ………………… 64
T 攻撃 …………………… 57
WEP …………………… 32

あ行

アールシーシックス …… 64
アダマール, ジャック …… 108
圧縮関数 ………………… 84
暗号通貨 ……………… 173
暗号文 ………………… 16
一方向性 …………… 81, 184
因数分解 ……………… 101
ウイーナー, マイケル …… 146

エーデルマン, レオナルド
　.................. 105
エーファイブ・ワン 31
エルヴェ, マシュー 173
エルガマル暗号 167
太田和夫 97

か行
ガーナーの公式 198
ガウス, カール・フリードリヒ
　.................. 108
カエサル暗号 16
換字 41
鍵交換 118
鍵スケジューリングアルゴリ
　ズム 32
ガロア体 160
キーストリーム 30
擬似乱数生成アルゴリズム .. 32
キャッチアック 91
九七式暗号 40
共通鍵暗号 23
計算複雑性 182
計算量的安全性 100
原像計算困難性 81
公開鍵暗号 23, 100
公開鍵証明書 121
公開指数 105
公開モジュラス 105
格子暗号 187
コーチャー, ポール 202
コッパースミス, ドン 57
コブリッツ, ニール 155

コンウェイ, ジョン・ホートン
　.................. 117

さ行
サーペント 63
最短ベクトル探索問題 187
差分解読法 52
差分故障解析 197
差分電力解析 206
シーザー暗号 16
シーザー, ジュリアス 16
指数時間 114, 184
実行 193
シャノン, クロード 41
シャミア, アディ
　.............. 36, 52, 105
準指数時間 184
ショア, ピーター 186
衝突困難性 81
消費電力解析 196
伸長攻撃 91
ストリーム暗号 23, 30
線形解読法 59
線形フィードバックシフトレ
　ジスタ 30
全数探索 57
選択平文攻撃 56
素数定理 108

た行
ダーメン, ホァン 65
大数の法則 22
タイミングアタック 202
楕円曲線暗号 154

楕円曲線署名 …………… 167
多項式時間 …………114, 184
ダンガード, イワン ……… 84
単換字暗号 ………………… 18
単純電力解析 …………… 206
チャレンジレスポンス認証
　………………………………73
中間者攻撃 ……………… 118
ツーフィッシュ …………… 64
ディオファントス近似論 … 148
ディフィー・ヘルマン鍵交換
　……………………………100
ディフィー, ホイットフィールド
　……………………………100
デコード …………………… 193
転字 ………………………… 41
電子署名 …………………… 119
電子マネー ………………… 71
ドイッチュ, デイヴィッド
　……………………………185
ド・ラ・ヴァレー・プーサン
　……………………………108

な行
認証局 …………………… 122

は行
バースデーパラドックス … 91
バーナム暗号 ……………… 24
バーナム, ギルバート …… 24
パープル …………………… 40
排他的論理和 ……………… 25
ハイブリッド暗号方式 …… 116
パスワード認証 …………… 95

ハッシュ関数 ………… 23, 78
ハッシュ値 …………… 24, 78
バッファオーバーフロー … 192
半侵襲攻撃 ……………… 196
ハンドシェイクプロトコル
　……………………………129
非対称鍵暗号 ……………… 24
ビットコイン ……………… 173
ビハム, エリ ……………… 52
秘密指数 ………………… 105
平文 ………………………… 16
頻度分析 …………………… 22
フェイステル, ホルスト …… 47
フェッチ …………………… 193
フォールトアタック ……… 196
復号 ………………………… 27
フリードマン, ウィリアム … 40
ブルートフォース ………… 57
プルーフ・オブ・ワーク … 176
ブロードキャスト攻撃 …… 143
ブロック暗号 ………… 23, 41
ブロックチェーン ………… 174
プロトコル ………………… 36
ヘニンガー, ナディア …… 139
ヘルマン, マーティン …… 100
ホースタッド, ジュアン … 143
ボネー, ダン …………… 203

ま行
マークル・ダンガード構成法
　………………………………83
マークル, ラルフ ………… 83
マーズ ……………………… 64
マイクロサージェリー …… 195

マイナンバー ……………… 134	ラインダール ……………… 64
マイニング ………………… 176	ラウンド鍵 ………………… 44
松井充 ……………………… 59	ラビン, マイケル ………… 112
マンティン ………………… 36	リーマン予想 ……………… 111
ミラー, ゲイリー ………… 112	離散対数問題 ……………… 154
ミラー, ビクター ………… 155	リバースエンジニアリング
ミラー・ラビンテスト …… 111	……………………………… 195
メッセージダイジェスト	リベスト, ロナルド
……………………… 24, 78	……………… 32, 65, 79, 105

や行

有限体 ……………………… 160

量子チューリングマシン … 185
ルシファー ………………… 47
ルジャンドル, アドリアン＝マリ ……………………… 108
レッド ……………………… 40
連分数攻撃 ………………… 145

ら行

ライメン, フィンセント …… 65

N.D.C.007.1　235p　18cm

ブルーバックス　B-2035

（げんだいあんごうにゅうもん）
現代暗号入門
いかにして秘密は守られるのか

2017年10月20日　第1刷発行
2017年11月14日　第2刷発行

著者	（かみながまさひろ） 神永正博	
発行者	鈴木　哲	
発行所	株式会社講談社	
	〒112-8001 東京都文京区音羽2-12-21	
電話	出版　03-5395-3524	
	販売　03-5395-4415	
	業務　03-5395-3615	
印刷所	(本文印刷) 豊国印刷株式会社	
	(カバー表紙印刷) 信毎書籍印刷株式会社	
本文データ制作	株式会社フレア	
製本所	株式会社国宝社	

定価はカバーに表示してあります。
Ⓒ神永正博　2017, Printed in Japan
落丁本・乱丁本は購入書店名を明記のうえ、小社業務宛にお送りください。
送料小社負担にてお取替えします。なお、この本についてのお問い合わせ
は、ブルーバックス宛にお願いいたします。
本書のコピー、スキャン、デジタル化等の無断複製は著作権法上での例外
を除き禁じられています。本書を代行業者等の第三者に依頼してスキャン
やデジタル化することはたとえ個人や家庭内の利用でも著作権法違反です。
Ⓡ〈日本複製権センター委託出版物〉複写を希望される場合は、日本複製
権センター（電話03-3401-2382）にご連絡ください。

ISBN978-4-06-502035-7

発刊のことば

科学をあなたのポケットに

二十世紀最大の特色は、それが科学時代であるということです。科学は日に日に進歩を続け、止まるところを知りません。ひと昔前の夢物語もどんどん現実化しており、今やわれわれの生活のすべてが、科学によってゆり動かされているといっても過言ではないでしょう。

そのような背景を考えれば、学者や学生はもちろん、産業人も、セールスマンも、ジャーナリストも、家庭の主婦も、みんなが科学を知らなければ、時代の流れに逆らうことになるでしょう。ブルーバックス発刊の意義と必然性はそこにあります。このシリーズは、読む人に科学的に物を考える習慣と、科学的に物を見る目を養っていただくことを最大の目標にしています。そのためには、単に原理や法則の解説に終始するのではなくて、政治や経済など、社会科学や人文科学にも関連させて、広い視野から問題を追究していきます。科学はむずかしいという先入観を改める表現と構成、それも類書にないブルーバックスの特色であると信じます。

一九六三年九月

野間省一

ブルーバックス　数学関係書（II）

- 1765 離散数学「数え上げ理論」　野﨑昭弘
- 1764 高校数学でわかるボルツマンの原理　竹内淳
- 1757 やりなおし算数道場　歌丸優一=漫画
- 1743 計算力を強くする　完全ドリル　鍵本聡
- 1740 高校数学でわかるフーリエ変換　竹内淳
- 1738 史上最強の実践数学公式123　佐藤恒雄
- 1724 新体系　高校数学の教科書（上）　芳沢光雄
- 1711 新体系　高校数学の教科書（下）　芳沢光雄
- 1704 マンガ　統計学入門　アイリーン・V・マグネロ=文／ボリン・V・ルーン=絵／神永正博=監訳／井口耕二=訳
- 1694 ウソを見破る統計学　神永正博
- 1684 なるほど高校数学　数列の物語　宇野勝博
- 1681 高校数学でわかる線形代数　竹内淳
- 1678 物理数学の直観的方法〈普及版〉　長沼伸一郎
- 1677 マンガで読む　計算力を強くする　がそんみほ=マンガ／銀杏社=構成／清水健一=原作
- 1661 大学入試問題で語る数論の世界　清水健一
- 1657 高校数学でわかる統計学　竹内淳
- 1629 新体系　中学数学の教科書（上）　芳沢光雄
- 1625 新体系　中学数学の教科書（下）　芳沢光雄

- 1620 連分数のふしぎ　木村俊一
- 1619 はじめてのゲーム理論　川越敏司
- 1890 チューリングの計算理論入門　高岡詠子
- 1888 知性を鍛える　大学の教養数学　佐藤恒雄
- 1880 非ユークリッド幾何の世界　新装版　寺阪英孝
- 1870 直感を裏切る数学　神永正博
- 1851 ようこそ「多変量解析」クラブへ　小野田博一
- 1841 難関入試　算数速攻術　小野田博一
- 1838 読解力を強くする算数練習帳　中川塁／中島りつこ=画／松島りつこ=画
- 1833 超絶難問論理パズル　小野田博一
- 1828 リーマン予想とはなにか　中村亨
- 1823 三角形の七不思議　細矢治夫
- 1822 マンガ　線形代数入門　北垣絵美=漫画／鍵本聡=原作
- 1819 世界は2乗でできている　小島寛之
- 1818 オイラーの公式がわかる　原岡喜重
- 1810 不完全性定理とはなにか　竹内薫
- 1808 算数オリンピックに挑戦 '08～'12年度版　算数オリンピック委員会=編
- 1795 シャノンの情報理論入門　高岡詠子
- 1788 複素数とはなにか　示野信一
- 1786 「超」入門　微分積分　神永正博
- 1784 確率・統計でわかる「金融リスク」のからくり　吉本佳生
- 1782 はじめてのゲーム理論　川越敏司
- 1770 連分数のふしぎ　木村俊一

ブルーバックス　数学関係書(I)

- 116 推計学のすすめ　佐藤信
- 120 統計でウソをつく法　ダレル・ハフ／高木秀夫訳
- 177 ゼロから無限へ　C・レイド／芹沢正三訳
- 217 ゲームの理論入門　モートン・D・デービス／桐谷維・森克美訳
- 325 現代数学小事典　寺阪英孝編
- 408 数学質問箱　矢野健太郎
- 722 解ければ天才！算数100の難問・奇問　中村義作
- 797 円周率πの不思議　堀場芳数
- 833 虚数iの不思議　堀場芳数
- 862 対数eの不思議　堀場芳数
- 908 数学トリック=だまされまいぞ！　仲田紀夫
- 926 原因をさぐる統計学　豊田秀樹
- 1003 マンガ 微積分入門　岡部恒治／藤岡文世絵
- 1013 違いを見ぬく統計学　豊田秀樹
- 1037 道具としての微分方程式　斎藤恭一
- 1074 フェルマーの大定理が解けた！　足立恒雄
- 1076 トポロジーの発想　川久保勝夫
- 1141 マンガ 幾何入門　岡部恒治／藤岡文世絵
- 1201 自然にひそむ数学　佐藤修一
- 1243 マンガ おはなし数学史　仲田紀夫原作／佐々木ケン漫画
- 1312 高校数学とっておき勉強法　鍵本聡

- 1332 集合とはなにか 新装版　竹内外史
- 1352 確率・統計であばくギャンブルのからくり　谷岡一郎
- 1353 算数パズル「出しっこ問題」傑作選　仲田紀夫
- 1366 数学版 これを英語で言えますか？　保江邦夫著／E・ネルソン監修
- 1383 高校数学でわかるマクスウェル方程式　竹内淳
- 1386 素数入門　芹沢正三
- 1407 入試数学 伝説の良問100　安田亨
- 1419 パズルでひらめく補助線の幾何学　中村亨
- 1429 数学21世紀の7大難問　中村義作
- 1430 Excelで遊ぶ手作り数学シミュレーション　田沼晴彦
- 1433 大人のための算数練習帳　佐藤恒雄
- 1453 大人のための算数練習帳 図形問題編　佐藤恒雄
- 1479 なるほど高校数学 三角関数の物語　原岡喜重
- 1490 暗号の数理 改訂新版　一松信
- 1493 計算力を強くする　鍵本聡
- 1536 計算力を強くするpart2　鍵本聡
- 1547 広中杯 ハイレベル中学数学に挑戦　算数オリンピック委員会監修／青木亮二解説
- 1557 やさしい統計入門　柳井晴夫／田栗正章／C・R・ラオ
- 1595 数論入門　芹沢正三
- 1598 なるほど高校数学 ベクトルの物語　原岡喜重
- 1606 関数とはなんだろう　山根英司